预见

成就更好的自己

FORESEE

周小健 ◎ 著

中国纺织出版社有限公司

内 容 提 要

本书引导读者可以从了解自己当中，找到自己的兴趣所在，兴趣延伸到人格特质属性的自我了解，从而找到自己的能力优势之组合。在看懂职场当中则是协助读者从行业的生命周期到选择不同公司，了解职位与职责，以及如何认识老板，更是职场适应的良方。学会选择则是透过如何进行选择与决策，学习如何做出更好的决策。行动的层面则是有诸多不同的提问来协助自己，思考行动背后的动力，如何提升自我的效能。使读者并不需要自己走过艰辛的历程，而是可以从书中的观念与方法来协助自己，展开更美好的生涯与职业规划。

图书在版编目（CIP）数据

预见：成就更好的自己 / 周小健著. --北京：中国纺织出版社有限公司，2022.2

ISBN 978-7-5180-9312-0

Ⅰ.①预… Ⅱ.①周… Ⅲ.①成功心理—通俗读物 Ⅳ.①B848.4-49

中国版本图书馆CIP数据核字（2022）第013750号

策划编辑：史　岩　　责任编辑：陈　芳
责任校对：楼旭红　　责任印制：储志伟

中国纺织出版社有限公司出版发行
地址：北京市朝阳区百子湾东里 A407 号楼　邮政编码：100124
销售电话：010—67004422　传真：010—87155801
http://www.c-textilep.com
中国纺织出版社天猫旗舰店
官方微博 http://weibo.com/2119887771
三河市延风印装有限公司印刷　各地新华书店经销
2022 年 2 月第 1 版第 1 次印刷
开本：710×1000　1/16　印张：14
字数：194 千字　定价：48.00 元

凡购本书，如有缺页、倒页、脱页，由本社图书营销中心调换

推荐序一

很高兴能向各位读者推荐周小健老师的新书《预见：成就更好的自己》。本书不仅是个人生涯的写照，也是一本提供给读者使用与反思的工具书。小健老师从高考填报志愿为起始点，到发现自己与工作的不契合，因为人生有苦才开始寻觅解脱之道。佛家语：烦恼即菩提。烦恼乃是增长智慧的良方，因此开始展开对自己的生涯探索与规划，走上了创业的道路，追寻自己终极价值的实践。

我以各种方式面对过很多人，对于其中一些人的经历有所了解，总结之后得出：奋斗的经历，是一个人性格特质的完善过程，也是一个人锻造才能的增进过程。小健老师是从求知开始，到迷茫期的无处求助和困境期的无奈求存，再到勇于改变的求异和求解之旅，最后以找到生涯支点的完美表现和世界和解。

有一天，小健老师跟我说，他准备出书，他希望将这些年他对生涯规划重要性的了解和他自己对生涯规划的认知进行全面总结，以影响更多的人。目前，国内在这个领域的相关研究还显不足，能够得到适时帮助的对象人数占比也很少。但这也是这个领域能在短时间内崛起的原因，既然时代赋予了我们这代职涯辅导者使命，我们就要勇敢扛起来。

读者并不需要自己走过艰辛的历程，而是可以借助书中的观念与方法，展开更美好的生涯与职业规划。本书分为四个篇章，包括看透自己、看懂职场、学会选择与看清行动。

预见：成就更好的自己

读者可以从"看透自己"一篇中找到自己的兴趣所在，从兴趣延伸到人格特质属性的自我了解，从而找到自己的能力优势之组合。"看懂职场"一篇则协助读者从行业的生命周期到选择不同公司，了解职位与职责，以及如何认识老板，更是职场适应的良方。"学会选择"一篇则传递如何进行选择与决策，学习如何做出更好的决策。"看清行动"一篇则通过诸多提问来协助自己，思考行动背后的动力，以提升自我效能。

学海无涯，职路艰辛，若没有明确方向，如同将自己置于泥淖之中，每迈一步都需极大力气，若步步如此，人的意志力和精神能量将被消耗殆尽。

在向成功跋涉的道路上，行动力是最后一个因素，行动的价值应是先于行动思考，选择的正确性则决定了行动的价值，你对职场的了解又决定了你能否做出正确的选择，你对自己的认知决定了你以怎样的视角阅读职场。这是反向顺序，但很多人却从反向开始，在职场进行反向努力。路走不通了才思考选择是否正确，选择错了才重新审视这个让自己痛苦的职场，理解不了职场才想起应该先认识自己。逆向顺序只能得到逆向结果，人生距离成功越来越远。

我推荐这本书，是因为它从认识自己开始，让每个人一点点扩大视野，当你的选择不再受限于认知不足，而是能真正地自我抉择，努力行动才变得有意义！

小健老师拥有丰富的企业与顾问经验，加上职业生涯发展的理论框架，并从创新的角度提出整合，相信读者读过此书定能获益，减少职业生涯困惑，收获理想人生。

美国生涯发展学会生涯培训导师（NCDA-CDM）邬荣霖
2021 年 11 月

推荐序二

第一次认识小健老师,是2018年他来深圳听我的生涯培训课程。他上课时全神贯注和频频点头回应,每天课程结束的时候,都会把我当天讲课时的金句全部整理出来,发到班级群里共享。

三天课程结束的时候,小健老师说买了我的《活得明白》,让我为他签名,我欣然同意了。但是他让我签的不是一本书,而是整整一后备箱的书。这两件事给我留下了深刻印象!

后来在不断接触过程中,小健老师给我讲他对生涯的学习和理解,讲他对生涯的运用和实践。当他说出"人们对美好生涯的追求,就是我的奋斗目标"的初心时,当他说出"深度影响千万人的职业生涯发展"的愿景时,我觉得他光光的头顶似乎闪耀着光芒,我也深信他一定能够做到!

小健老师最欣赏出淤泥而不染的莲花,那是最美的坚强。我说,你不就是莲花吗?将自己一步步拉出心灵的泥沼,坚强盛开。既然选择出书,就有必要让读者先了解你。"言传"不如"身教",拿出过来人的底气,用事实让更多人明白:不进行生涯规划,人生就是"走过场"。

据我所知,小健老师是工学学士和法律硕士,并非生涯相关专业科班出身,可以说和生涯的渊源并不深远,但他通过总结自身的职业生涯发展之路,加上对生涯学习和研究的狂热,再加上行动派的运用和实践,短短几年时间,便能写出这本既有理论背景,又非常接地气的书,甚是佩服。

很多人并不希望成为人生大舞台的主角,我非常理解,因为那真的太难了。做个配角，做个不起眼的小角色，甚至跑龙套也未尝不可，同样可以快意人生。做什么其实不重要，重要的是得登上舞台，有机会露个脸，也是对人生的交代。如果一直在舞台下面看别人演绎，将何处安放你的人生？

我知道很多人正在焦虑自己的人生，因为他们尚未找到一条看似有希望的路，"失败者"的标签一直贴在身上。但只有焦虑是没用的，焦虑之火如果能产生希望之光，这个世界将诞生很多成功者。

思考，寻找，抉择，锁定，是通往希望之路的四道路标。

（1）思考自己的职业优势。

（2）寻找契合的职业锚点。

（3）抉择正确的职业方向。

（4）锁定该走的职业路线。

《预见：成就更好的自己》的核心就是告诉读者如何识别、搭建和利用这四道路标，让自己从此以后走在正确的路上，做正确的事。

你、我、他和路人甲、乙、丙，我们都是普通人，能归属我们掌控的资源十分稀少，能力和时间是我们最为重要的资源。我们辛辛苦苦地读书、工作积累能力，是为了什么，不只是为了给他人作嫁衣吧！生命只有一次，时间不能重来。过去的我们无法追回，但还握在手中的绝不能再失去，那些未来可见的更要好好利用。

如果，读一本书能让你了解自己的优势，读一本书能让你看懂职场的标准，读一本书能让你不再做出错误选择，读一本书能让你有机会远离失败……这本书就是你必须要读的！

全国高校就业创业指导教师培训特聘专家

2021 年 11 月

目录

第一篇 看透自己：在变化中建立自我标准

第一章 找到职业偏好的甜蜜块 / 2
　　找到职业兴趣所在的甜蜜区 / 2
　　你所谓的喜欢是认真的吗 / 7
　　职业兴趣的多面性 / 11

第二章 找到职业效率的提升点 / 21
　　做自己适合的事情是提升效率的法宝 / 21
　　你充电的方式是外求还是内求 / 26
　　你感知的方式是具体的还是抽象的 / 31
　　你决策的方式是理性的还是感性的 / 35
　　你行动的方式是规矩的还是随意的 / 40

第三章 找到职业追求的动力源 / 44
　　搜寻你的职业价值：你最在乎的是什么 / 44
　　用价值观为职业发展注入坚定力 / 49
　　价值观是你自己打造的专属勋章 / 53

第四章　找到职业能力的优势区 / 55
　　能力是职场硬通货 / 55
　　职业能力进阶的"四重奏" / 57
　　职业能力 + 投资组合 / 62
　　把自己变成 U 盘式人才 / 65

第二篇　看懂职场：在职业里找到评价标准

第五章　与职业发展密切相关的外部因素 / 70
　　抛弃你的不是企业，可能是行业 / 70
　　不做大企业的长明灯，不做小企业的垫脚石 / 73
　　大城市的床和小城市的房 / 76

第六章　一样的职位，不一样的职责 / 79
　　职位、职权、职责的相互关系 / 79
　　被玩坏的职位名称 / 82
　　你与最高决策人的职级距离 / 84
　　你所在组织价值链的位置 / 87

第七章　成也上司，败也上司 / 90
　　通过面试，看透你未来的老板 / 90
　　老板不是老师，更不是父母 / 94
　　与老板建立"亲清关系" / 97
　　向上管理，轻松获得老板支持 / 100

第三篇　学会选择：重要的选择绝不能缺席

第八章　四步决策轻松做决定 / 104

　　保护好自己的生涯决策权 / 104

　　决策倒计时 / 107

　　对外求差异，对内求答案 / 109

　　决策服务于目标 / 112

第九章　CASVE 正确决策姿势 / 115

　　CASVE 模型：给你的大脑输入正确的决策程序 / 116

　　C：告诉自己，该做出决定了 / 124

　　A：找到尽量多的可能性 / 126

　　S：缩小选项清单 / 129

　　V：按照优先次序删选排列 / 132

　　E：确定最优选项尝试探索 / 137

第十章　理性分析，感性抉择 / 142

　　同类选项与异类选项的区别 / 142

　　同类选项用决策平衡单 / 147

　　异类选项用决策体验单 / 148

　　理性分析做依据，感性分析做动力 / 151

第四篇　看清行动：用行动把道理变成自己的答案

第十一章　行动规划的六个层次 / 158

　　用"画面感"激发行动力 / 158

　　优化调整，角色升级 / 164

　　成功后的价值红利 / 166

　　行动需要能力准备 / 171

　　具体的计划方案 / 174

　　创造"马上办"的环境 / 177

第十二章　行动掌控的四个阶段 / 181

　　无意识无能力的行动——积极唤醒 / 181

　　有意识无能力的行动——主动学习 / 185

　　有意识有能力的行动——刻意练习 / 188

　　无意识有能力的行动——精进使用 / 191

第十三章　复盘修正你的行动 / 194

　　生涯复盘与人生复盘 / 194

　　绘制自己的生涯曲线图 / 198

　　提高自我效能感 / 202

　　生涯低估疗愈——汲取失败的经验教训，触底反弹 / 209

后记 / 213

第一篇
看透自己：在变化中建立自我标准

第一章　找到职业偏好的甜蜜块

你是创业者还是打工人？

你认为成功的先决条件是天道酬勤还是善抓机会？

你的职业生涯正在与甜蜜相伴还是与苦涩交织？

无论上述问题的答案如何，都别忘记带上"兴趣"这个后缀。兴趣究竟是什么？搜索兴趣对人生究竟有什么意义？兴趣和志趣有哪些区别？如何识别对人生有意义的志趣？

找到职业兴趣所在的甜蜜区

无论把自己所做的变成自己喜欢的，在习惯和熟悉里享受甜蜜；还是把自己喜欢的变成自己所做的，在投入和心流里享受甜蜜，都是职业生涯里的小确幸。

关于个人兴趣与职业的关系，大家可以听听下面的小故事：

1959年夏天的一个黄昏，心理学教授、职业指导专家约翰·霍兰德（John Holland）漫步在美国约翰·霍普金斯大学的林荫小道，看着运动场上蹦跳的青年大学生，他在想一个有趣的问题，为什么有些人喜欢动手操作，有些人却衷于冥思苦想；有些人非常关注别人，有些人却热衷自己的创意，个人的兴趣和个人的职业之间会不会有某种联系呢？

于是，霍兰德便开始着手研究。与近几年的重复性学术研究不同，他又重新回到了当初开始做研究时的状态，把自身的兴趣再一次投入新的研究工作中。

在搜集信息的过程中，霍兰德发现了很关键的一点，那就是从事相关类型职业的人群身上具备一些共同的人格特点。例如，带小孩的保姆大都有耐心、细心，喜欢小朋友，再就是家务能手；救治病人的医生大都有耐心、专业，有人道主义，而不仅仅关注赚钱。

随后，凭着自己的学术理论功底，以及手头大量的职业指导案例，霍兰德提出了具有广泛社会影响的职业兴趣理论，这个理论至今都是生涯研究和实践者最常用的工具和模型。他认为兴趣是人们活动的巨大动力，具有职业兴趣的职业可以提高人们的积极性，促使人们积极地、愉快地从事该职业，职业兴趣与人格之间存在很高的相关性。

一个人对一个职业拥有真正的兴趣，是不会轻易"移情别恋"的，就像霍兰德对这个领域的研究可以终其一生、循环往复地投入进去，这正是他的兴趣所驱动。

但如果你非常急迫地想要得到一份完全贴合兴趣的工作，我奉劝你要考虑清楚。因为当兴趣变成职业时，有可能会让你感到索然无味。

首先，我们要明确兴趣与职业的定义：

兴趣，是一种带有情感色彩的认识倾向，它以认识和探索某种事物需要为基础，是推动一个人认识事物、探求事物的一种重要动机，是一个人学习和生活中最活跃的因素。简单来说，兴趣是内在的动机。

职业，是通过满足他人和社会需求而获取恰当的物质和精神需求回报的社会交换形式。简单来说，职业是外在动机，你给钱我交活儿。

一旦内在动机变成外部动机，你做的每件事都从随心所欲变成了受人监督，毕竟你所交付的东西是别人给了钱的。

此外，一份职业对一个人是有技能要求的，并不是说兴趣就能当饭吃，我们再看另一个故事。

20年前，一位大学生对专业不感兴趣，半学期导致挂科两门。有什么办法改变现状？退学重新参加高考？选专业重新挑战？逼自己读下去拿到毕业证？过来人都知道，这三条路都不好走，前两种将面临更大的未知。于是他选择把专业读下来，顺利毕业，但为了让自己获取更多将来能够跨专业就业的能力，要选读一门感兴趣的专业。

20年后，他年满40岁，是一家企业的财务经理。因为工作上的各种问题去做心理咨询，这个过程中加强了他一直想做心理咨询师的想法，往后的日子里，他利用业余时间获得了三级心理咨询师证书。可惜的是，他内心想着辞职做心理咨询师，但是对自己的专业度又缺乏自信。

他的不自信是有道理的。任何一个职业的能力要求都可归纳为理论基础、实践技能和个人品质，想把兴趣当成职业，一个最根本的条件就是你要具备足够的知识和技能，设计师、导演、心理咨询、培训师……这些都需要进行长期的训练和学习。

因此在你刚入门的时候，不要动辄以兴趣为借口来掩盖自己的不胜任，这会让你掉进兴趣的陷阱，将兴趣当作挡箭牌——不在自己兴趣范围内的事情就不能做好。

那些表示自己对于所学专业或所从事的职业没有兴趣的，其实更大可能是因为他不擅长。不喜欢唱歌的多半是因为歌唱得不好，不喜欢打麻将的可能是因为打麻将总是输，既输钱又没面子。

事实上，我们很难喜欢上自己不擅长的事情，因为这些事情容易给我们带来焦虑和沮丧，严重的甚至会让人产生自我怀疑。实际上，并不是因为一个人对一件事很感兴趣，所以他成功了；恰恰相反，是因为一个人成功了，有了胜任感、自主感、成就感，以及外界的认可，他才会喜欢上这件事情，而后有兴趣。

所以，兴趣变职业的一个关键是要能胜任工作：一方面，你越是胜任，工作中你就越能做到游刃有余，也更容易有成就感，也会越来越有兴趣；另一方面，你越是胜任，就越容易得到外界的认可，薪酬和发展也就越有保障。

关于"兴趣与能力"，清华大学就业指导中心金蕾莅老师从兴趣与能力的高低两个维度构建了"兴趣-能力象限模型"，读者可以参考一下（见图1-1）。

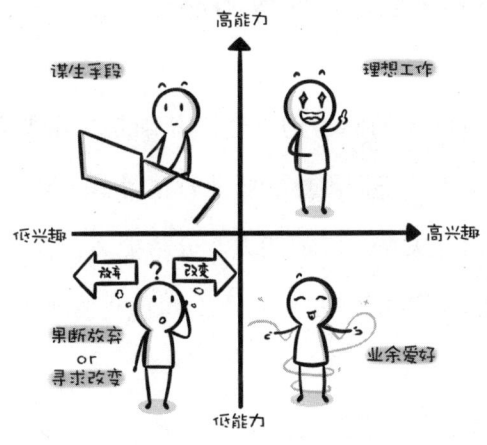

图1-1 兴趣-能力象限模型

在现实职场中，至少有50%的人对于自己所做的工作不太感兴趣，而几乎95%的人都没法对自己工作所有部分感兴趣。不完美的工作才是我们职业生涯的常态，所以我们要学会认清现实，平衡兴趣与职业之间的关系。

例如，做生涯培训师是我的职业梦想，经过多年周折终于如愿。只要进入讲课模式，心流立即开启。但课前的资料准备和课件制作并非我喜欢的，只能逼着自己一点点做，完善细节。兴趣不符合，不能成为我们放弃努力的理由，也不能因此画地为牢禁锢自己。

最后，大家要记住一句话：兴趣很重要，但不能决定一切；兴趣是方向指引，距离能力还差很远。

"我喜欢做什么，所以要做什么。"这是彻底的伪命题，因为兴趣变为工作的一个关键因素，就是要有与兴趣相匹配的能力。所谓的兴趣甜蜜区真正"甜起来"，是因为与能力相符，可以享受"做感兴趣的工作"的那种幸福。

从兴趣爱好走向职业能力的升级之路分为三个步骤：理论基础→实践技能→个人品质。

以我从事的生涯咨询师为例，理论基础是从事职业所需的知识结构（如心理学科基础、咨询理论、职业行情等）；实践技能是完成某项工作的能力（如建立关系、澄清能力、分析能力、构件方案等）；个人品质是个体与职业相匹配的才干品质（如自我管理、坚定利他、智慧影响等）。

台湾成功学讲师余正昭先生曾说过："成功最重要的一点是，找到你的方向。大凡成功者，他们成功的关键都是掌握了自身的优势，并加倍强化这种优势，完全投入自己所喜欢的项目中，将这种富有特长的兴趣爱好发挥到极致。"

你所谓的喜欢是认真的吗

企业招聘，我比较关注应聘者简历上的兴趣爱好，因为可以体现一个人的兴趣所在，有助于初步判断应聘者是否适应所应聘的行业。但现实状况总是将我内心美好的想法割裂，写着喜欢阅读，实际一年最多读一本书；写着喜欢羽毛球，实际打球的频率可能两三个月一次；写着喜欢电影，实际是偶尔去影城看看大片；写着喜欢开车，实际是家里买了私家车；写着喜欢茶道，实际是平时将茶当水喝……

失望多了，就有了总结。他们没有说谎，只是对兴趣与爱好的理解稍有偏差，他们设定的兴趣起点过低——将从不从事的某项事物当作起点，一年读一本书就比从来不读书的人要喜欢书，一年打两次羽毛球就比从来不打球的人喜欢运动。参照物的不同决定了他们对兴趣的定义也不同。

还有的应聘者，在兴趣爱好栏里罗列出一大堆，我要认真看好一会儿才能看完，因为他们的兴趣爱好异常之多，总的来说有以下三类：兴趣广泛型——都挺喜欢的；阴晴不定型——爱好随心走；三分热度型——浅尝辄止。

这样的操作总是让我一头雾水，兴趣应该如此善变吗？显然不是的。

其实，兴趣可以分为两类：一类是从事某项活动，另一类是认知某些事物。

比如，喜欢车的男士，一类纯粹喜欢驾驶（对于兴趣的感受和内容有一些共识）；另一类喜欢研究汽车构造（了解更多的信息，拓展更多的可能）。

很显然，从事一些活动的兴趣比仅认知一些事物的兴趣要有更大投入，这也是"直接兴趣"与"间接兴趣"的不同。

直接兴趣是指不管做得好不好，不管最后结果怎样，个体都能以极大的热情投入其中的事情。

间接兴趣的初衷是关注兴趣本身的象征意义和结果，即产生的价值，价值大则兴趣增强，价值小则兴趣减弱。

简而言之，间接兴趣是对结果的兴趣，有结果才能持续投入；直接兴趣是对过程的兴趣，无论结果如何，都能持续投入。

例如，一位老人居住的公寓旁边有一块宽敞的空地，每当天气好就有一群小男孩在空地踢球。逐渐地，老人觉得太吵了，他就想到一个办法。一天，他找到男孩们说："我很爱看你们踢球，你们让我平淡孤寂的日子里感受到热闹，所以你们一定要多来这里玩，而且每天你们来玩都会给你们10美元，怎么样？"男孩们非常高兴，每天踢球的劲头更足了。

过了一星期，老人找到男孩们说："我最近没有那么多钱了，只能一天给你们5美元，你们还愿意来吗？"男孩们虽然不太高兴，但想着还有5美元，就勉强同意了。又过了几天，老人再次找到男孩们说："我遇到了些麻烦，你们如果还能继续踢球，我只能每天给你们1美元了，你们还愿意来吗？"其中一个男孩说："7个人分1美元，我们才不来继续为你踢球让你高兴呢！"于是男孩们扬长而去。老人成功地实现了他的目标——自己的居住环境安静下来。

在老人未介入之前，男孩们对于踢足球的兴趣是直接兴趣，不需要有人给予掌声，不需要观众，只是喜欢踢球。在老人介入之后，男孩们的直接兴趣转变为间接兴趣，行为被赋予了含义和价值，当看到价值缩水后，兴趣就会减弱甚至停止。

事实上，直接兴趣强烈、相对需要较少的意志力，个体能够自觉地付出时间和精力，同时感觉不到厌倦和困乏。但是直接兴趣很难培养，需要个体有好奇心、探索欲，并且这种好奇心和探索欲在生涯早期得到较好的鼓励、培养和支持。

间接兴趣包括工作带来的收入、努力带来的掌声、奖牌带来的荣誉等。不同程度、不同类型的间接兴趣差异很大，总体来说，间接兴趣相对容易培养、开发，但是需要个体付出更多的意志力来保持。

当然，不是所有直接兴趣都会转变为间接兴趣，那些不做就会感到特别匮乏的事情，通常是完全与利益割裂的，一些不那么坚定的直接兴趣或多或少与利益挂钩，最终转化为受利益支配的间接兴趣。对于成年人来说，如果身上还保持着直接兴趣，将是非常宝贵的，要小心呵护。毕竟生活中如果只剩下间接兴趣，一旦外界的反馈条件发生变化，兴趣会变得相当混乱，甜蜜区也将被搅混，难以识别。

不可被转化的直接兴趣才有机会成为"兴趣三层级"中的最高层级——职业兴趣（见图1-2）。

回顾篮球巨星迈克尔·乔丹的职业生涯，我们可以发现他对篮球的兴趣层级是如何递进的。乔丹幼年运动启蒙源自喜欢打棒球的父亲，成长阶段逐渐开始喜欢篮球。他同时参与这两项运动的训练，上大学之前他要申请某个项目的奖学金，最终选择了篮球。

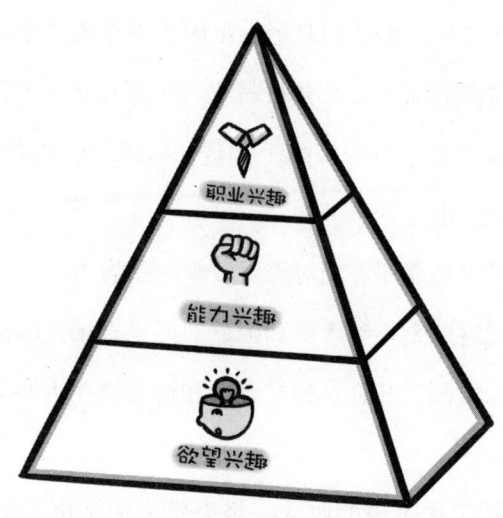

图1-2　兴趣三层级

兴趣的早期通常停留在感官上，通过直观的感官刺激产生兴趣。不需要投入什么精力，花些时间享受其中，诸如刷微博、看电视剧、看电影、吃东西，不去研究事情本身，也没有任何后续行动和训练。感官兴趣更像是借助喜欢的感觉放松自我，如果只停留在这个阶段，对职业生涯没有任何助益。

当兴趣被从感官推向思维，并进行刻意训练后，情况就发生了变化。在某个兴趣领域逐渐积累能力，兴趣随着能力的提升越发稳定。比如，从简单地喜欢品尝美食，到产生好奇心探索是如何做出来的，这个过程就是感官向思维的演进。随之带来了做美食vlog（video blog或video log，意思是视频记录、视频博客、视频网络日志）的行为，并且尝试写美食评论。能力的产生能将兴趣定向在一个领域中。乔丹参加棒球和篮球的两项训练，就是能力兴趣形成的过程，棒球和篮球成为乔丹生命中长久不变的兴趣。

能力兴趣是兴趣产生价值的开始，但价值转化率并不高，只有进一步提升为职业兴趣，才能在职业甜蜜区里获得巨大收益。乔丹选择了篮球，发展出一种更加强大而持续的兴趣，去对抗通向高手之路上世界级的重复与倦怠。职业兴趣的秘密不仅在于有感官和认知能力，还加入了更深一层的内在驱动力——志向与价值观。

每个成年人都应理性地、有方法地判断自己的兴趣处于哪个层级。如果一个人的兴趣分类大量地停留在感官兴趣上，在自己的时间管理和能力提升方面一定会有很多冲突，必须探索哪些感官兴趣可以或应该投入一些精力，把它上升到能力兴趣。如果一个人在能力兴趣方面有一些储备，应探索哪些部分可以上升为职业兴趣。如果兴趣有机会转化成职业，一定是从职业兴趣层级里找到一个合适的职业和变现机会。

随兴生趣，由此立志，成功之路，舍此莫由。

职业兴趣的多面性

假设，你现在获得了一次神奇的机会，两年的时间被提取折叠，你从紧张的学习工作中抽身出来，两年之后回到今时今刻。这是你生命之外不被记录的两年。

我们为你提供六个度假目的地（假设为六座岛），每座岛风格各异，你将与岛上的其他居民共同生活（见图1-3）。

图1-3 六座岛屿

第一座 R 岛，是一座自然原始的岛屿，岛上自然生态保护得很好，有各种野生动植物，居民们特别擅长手工，自己种植瓜果蔬菜、修缮房屋、打造器物、制作工具，也喜欢体育和户外运动。

第二座 I 岛，是一座深思冥想的岛屿，也是一座学霸岛屿，岛上有图书馆、博物馆、科技馆、天文馆，居民们带着问题思考，善于观察学习，崇尚和追求真知。福利是你有机会和来自世界各地的哲学家、科学家、医学家、心理学家等探讨学问和心得。

第三座 A 岛，是一座浪漫美丽的岛屿，岛上满是美术馆、音乐厅、各种展览，到处弥漫着艺术气息。居民们喜欢绘画、音乐、雕塑、诗歌、跳舞等。福利是一些文艺界大咖常来这里寻找创作灵感。

第四座 S 岛，是一座友善亲切的岛屿，岛上的社区互相联系紧密，成为多互动的服务网络，居民们性格温和友善，乐于助人，重视教育，具有很强的合作意识和很温暖的人文气息。

第五座 E 岛，是一座显赫富庶的岛屿，岛上经济高度发达，到处是俱乐部、高级饭店、娱乐场所，居民们善于经营贸易，能言善道，富有影响力。福利是你能随时见到企业家、政客、社会上流人物。

第六座 C 岛，是一座现代有序的岛屿，岛上的建筑都非常现代化，是进步的都市形态，这里的一切都井井有条，法律制度健全，经济秩序稳定，居民们个性冷静沉稳，生活有序，善于组织，处事果断。

暂时合上书，思考30秒，六座岛屿，你想去哪里呢？接下来花费10分钟时间做两件事，给你中意的岛屿起一个名字，总结一句属于这座岛的登岛宣言，名字和宣言要求能高度概括岛屿状态和最吸引人的地方。

这不是单纯的游戏，而是通过选择让你对自己的心理素质和择业倾向有基本了解，六座岛屿相当于六种职业类型，相应的劳动者也划分为六种基本类型——实用型（Realistic,R）、研究型（Investigative,I）、艺术型（Artistic,A）、社会型（Social,S）、企业型（Enterprising,E）、事务型（Conventional,C）。

这种划分方式的起源是约翰·霍兰德提出的"人境匹配论"（1959年），强调个体与环境之间存在相互影响的关系。十年后，霍兰德根据在实务经验上的观察与研究，提出了具有广泛社会影响的"六边形理论"，又称"职业选择类型论"（见图1-4）。霍兰德认为，劳动者与职业需相互适应，同一类型的个人风格和典型职业环境之间若能适配一致，便是达到适应状态，即实现了最佳职业选择。

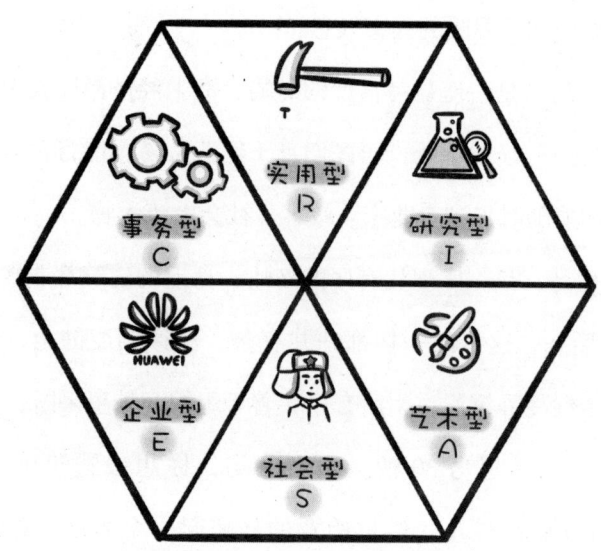

图1-4 霍兰德职业选择的六个维度

下面,我们认真分析每种类型人的典型特征和每一类典型职业,便于进一步厘清六种类型的相互联系。

实用型(R)

性格特点:情绪稳定,坚毅稳健,缺乏社交能力,擅长使用实物工具进行动手操作。偏好于具体任务而非抽象开放任务,以具体实用的能力解决工作或其他方面的问题。喜欢从事机械操作或户外活动,独立做事并偏向于与物打交道。

职业特点:对从事与物件、机器、工具有关的职业有兴趣,并具备相应能力。

典型职业:技术性职业(计算机硬件人员、制图员、机械技术人员等),技能性职业(木匠、厨师、技工、修理工等),外科医生,运动员等。

代表人物：中国木匠鼻祖鲁班。

"君子性非异也，善假于物也。"没错，谈到R型就不得不提及鲁班。他出身于世代工匠的家庭，自幼就跟随家里人参加过许多土木建筑工程劳动，在耳濡目染中对木匠产生了极大兴趣。其后，他经常沉迷于刀锯斧凿油漆的木匠活之中，乐此不疲，废寝忘食。最终技巧日臻娴熟，成为中国土木建筑及木匠的鼻祖。

研究型（I）

性格特点：求知欲强，善于观察，精于钻研，善用头脑依据自己的步调解决问题，并追根究底。善于进行抽象分析和推理活动，偏好于探索未知和开放的领域，喜欢独立且富有创造性的工作，但对解决实际问题的细节缺乏兴趣，不具备领导才能。

职业特点：具备将智力或分析才能用于观察、估测、衡量，形成理论，并最终解决问题的相应能力。

典型职业：科学研究人员、教师、工程师、系统分析员等。

代表人物："杂交水稻之父"袁隆平。

虽然袁老已经离我们而去，但是他作为农业与科技工作者的科研精神永远地激励着我们。早在20世纪90年代，在我国粮食极度短缺的背景下，我国提出了超级稻育种计划，由袁隆平领衔的科研团队接连攻破水稻超高产育种难题，不仅一次次刷新世界纪录，更重要的是解决了我国人民的温饱问题。

踏入暮年的袁老，尽管已经名满天下，但仍埋头于田畴，执着耕耘探索，直至生命的最后岁月里，他依然坚持下田。他不停地追求高产、更高产和高品质、更高品质，从杂交稻到超级杂交稻再到耐盐碱水稻，他发起了一轮又一轮攻关。他的创新精神，他对未知领域的探索精神，他对科学的严谨态度将永远激励我们前行！

艺术型（A）

性格特点：直觉敏感，开放自由，富有想象力和创造力，善于表达自我的个性与情感，做事理想化，追求美感，不重视实际。喜欢独立做事，在无拘无束的环境下发挥能力。

职业特点：喜欢富于变化和多样性的工作，不善于事务性工作。具备将艺术修养、创造力、表达能力和直觉用于语言、行为、声音、颜色和形式的审美、思索和感受。

典型职业：艺术方面（演员、导演、艺术设计师、雕刻家、建筑师、摄影家、广告制作人等），音乐方面（歌唱家、作曲家、乐队指挥等），文学方面（小说家、诗人、剧作家等），新媒体人员。

代表人物：一生孤独却又璀璨热烈的梵高。

梵高是一个热爱生活，醉心于艺术和道德问题，为了自己的艺术可以牺牲一切的比较纯粹的人。他渴望找到志同道合的朋友，梦想建立一个艺术家团体。他视绘画如宗教，像苦行僧一样工作。梵高并不看重绘画的真实感，因为相对于他困顿压抑的现实，画布里天马行空的世界更让他活力四射。虽然在他短暂的37年人生中绘画生涯仅有10年，他却以全部生命的热情创造出一幅幅一流的艺术杰作，无愧大艺术家之名。

社会型（S）

性格特点：对人友善，容易相处，富有洞察力、同理心、责任感和道德感。喜欢人与人之间的和平交流，乐于表达自己的热情和善意。拥有帮助别人、了解别人、教导别人的潜在能力，重视教育和心灵成长。关心社会问题，渴望发挥自己的社会作用。寻求广泛的人际关系，比较看重社会义务和社会道德。

职业特点：喜欢与人打交道的工作，从事提供信息、启迪、帮助、培训、开发或治疗等事务，并具备相应能力。

典型职业：教育工作者（教师、教育行政人员），社会工作者（咨询人员、公关人员），NGO从业者。

代表人物：全民学习的道德楷模雷锋。

出生于贫穷家庭的雷锋，小小年纪父母便相继去世，不得不寄人篱下。然而雷锋并没有悲观绝望，而是以满腔热忱帮助了无数需要帮助的人。他将祖国对自己的帮助铭记于心，勤奋刻苦学习、努力认真工作，坚持全心全意报效祖国。在他短暂的一生中，他积极响应国家号召、坚决支持国家建设，哪里需要去哪里、哪里有难去哪里，他用自己一生的精力与激情服务祖国、建设祖国。雷锋无私的奉献精神和感人事迹至今仍激励着全国人民。

企业型（E）

性格特点：精力充沛，生活节奏紧凑，敢于冒险，喜欢竞争，习惯以利益得失、权力、地位、金钱等来衡量做事的价值，做事有较强的目的性和计划性，且行动力强。拥有语言沟通、人际交往、组织管理等方面的领导才能。富有目标感和雄心壮志，偏向于对他人进行影响和控制；重视权威和社会影响力，希望拥有权力去改善不合理的现状。

职业特点：具备经营、管理、劝服、监督和领导才能，适合从事以实现机构、组织、社会及经济目标的工作，并具备相应的能力。

典型职业：企业管理者、政客、法官、律师、项目经理、销售人员。

代表人物：坚信中华有为的任正非。

在中国最成功的创业家群体中，军人出身的任正非无疑是深圳和中国改革开放时期的一个传奇。

作为创业者，他胆识过人，具有冒险精神。1987年，这个已过不惑之年还在军队中，对外面商业市场一无所知的43岁汉子，抛下军队团级干部的身份，与几个志同道合的中年人创立了华为企业。

作为领导者，任正非也是一个有目标使命感的人，在华为创业初期，他并没有满足于做代理赚来的那些利润，他想要的是民族通信产业的崛起。他曾表示，华为企业价值体系的理想是为人类服务，不是为金钱服务。

任正非的人生态度和价值观都彰显着他的个人魅力。

事务型（C）

性格特点：个性谨慎，思维保守，尊重权威和规章流程，喜欢有条理有计划操作，富有耐心、仔细精确，注重细节，讲求时效。习惯接受他人的指挥和领导，缺乏创造性，不喜欢冒险和竞争，富有自我牺牲精神。

职业特点：喜欢细节精确，条理清晰，具有记录、归档、根据特定要求或程序组织数据和文字信息的职业，并具备相应能力。

典型职业：行政人员、会计、军人、秘书、办公室人员、记事员、图书馆管理员、打字员、投资分析员。

代表人物：太平天国的女状元傅善祥。

傅善祥是中国历史上第一位也是唯一的女状元。她出生于书香世家，自幼聪慧过人，喜读经史。1853年（清咸丰三年），太平天国开创科举女科才，傅善祥报名参加女科考试后，高中鼎甲第一名。

科举考试结束后，傅善祥被招进东王府，并任命为"女侍史"。负责东王诏命的起草以及文献的整理。因为心思缜密，条理清晰，傅善祥后来又升任"簿书"，帮助东王批阅所有来往的文件、书札。其一流的文书能力得到了众人的一致称赞。

我们每个人的职业兴趣往往是多方面的，如何根据这些多元的兴趣找到适合的职业呢？笔者建议选取排序前三的兴趣类型来表示一个人的职业兴趣，即根据回顾个人的典型特征和与职业的匹配度，对 R-I-A-S-E-C 进行排序，如果你排出的是 S-A-E-C-I-R，那么你的职业兴趣就是 SAE。

选择三种类型是经过充分调研验证的，兴趣类型过多或过少都不利于定位职业兴趣。因为六种类型在不同的职业和环境中都或多或少存在，但只有其中的两三种占据主导地位。

如果我们已知自己的兴趣类型代码，可以登录 O*NET（职业信息系统）搜索（结果仅供参考）。注意，受到生活经验、成熟度、社会环境、经济需求等因素影响，你所排列的三个代码的顺序并不固定，没有所谓的主导项，这是为了能够更准确地锁定职业兴趣。以 SAE 排序为例，可以变换位置为 SEA，ASE，AES，ESA，EAS。

通常情况下，通过"霍兰德类型代码 + O*NET 系统"能够搜索到理论上适合自己的职业选项，但必须清楚得出的结论只是"启发性"的。因为很多职业没有被 O*NET 系统收录，也因为凭自身经验感受到的"适合"和理论上得出的"适合"可能并不一致。但无论如何，使用"霍兰德类型代码 + O*NET 系统"能够找出适合自己的职业方向，这是生涯正确选择最为关键的一步，从此我们可以毫无顾虑地探索自己的理想职业。当然，如果通过"霍兰德类型代码 + O*NET 系统"一步锁定职业兴趣，甚至具体职业，无疑是幸运的。

总之，走入霍兰德的世界，你将彻底告别"外部告知"阶段，而走进"内在察觉阶段"。区别是："外部告知"并不一定能带来实质改变，内在觉察才是改变的开始。虽然工具帮助人们进行的自我检测的结果仅作参考，但根本价值在于能让人学会与实际经验"对话"，从而更加了解自己，为自己做出最正确的选择。

第二章　找到职业效率的提升点

职业生涯的走势高低在于效率，如学习效率、感知效率、决策效率、执行效率等，最终汇聚为一个人的成长效率。因此，必须找到职业生涯各类效率的关键提升点，以点带面，形成几何扩张速度，才能实现职业生涯的大跨度跃升。

那些一年发展等于别人数年拼搏的人，都是毫无例外地找到了自己职业生涯的提升点，从充电开始、到对内在与外界的感知，再到做正确的决策，以及果断展开行动，都是踩着提升点准确前行。他们在自己适合的领域内以惊人的速度提升着，拉开与追赶者的距离，缩小与目标者的差距。

做自己适合的事情是提升效率的法宝

请思考一组问题：5年后，10年后，20年后，你会从事什么样的职业？成为怎么样的人？在哪里生活？生活质量如何？

如果一直问下去，相似的问题还有很多。这些问题不仅困扰着你们，

预见：成就更好的自己

我也曾无数次问过自己的未来会是怎样的？是不是终身将自己绑定在工地上？是不是从此只能在街道办发光发热？或许你和我一样，也回答不出来。毕竟我们所处的时代，变化莫测，有太多的不确定性。

曾经，我们被告诫"一定要做好长期规划，再配合短期计划，然后一步步去实现自己的人生目标"。这种观念基于的大环境基础必须是：稳定的、可观察的、可预测的，至少以10年为一个周期。

但现在全然不同。变化成为常态，不确定就是唯一确定的事，"预言家们"几乎找不到预测的入口。在变化与不确定中快速崛起的马克·扎克伯格对当下的时代现状有很深的理解，他曾在某次采访中说："如今我们强调的，是演化，适应，不断转型。"

当个体埋头学习不再适应社会大环境的发展，那抬头选择就显得尤为重要，只有选择对了，努力才有价值。

正确的选择又从何而来呢？不仅需要个人对自身的认知，还需要借助一些工具，帮助我们更好地、精准地了解自己，才能找到适合的工作，也才能在适合的领域发挥才能。生涯规划就是一个重要的工具，它不仅关乎一个人职业生涯的发展，更关系个人一生事业的走势。

关于这类测评的工具有很多，但最能稳定反映出职业生涯三要素（职业兴趣、职业性格、职业价值观）的、被生涯规划领域广泛认可的、被全球500强企业常年而稳定使用的工具只有MBTI。

MBTI起源于瑞士心理学家卡尔·荣格的类型论。通过长时间的观察与研究，荣格发现人类个体所表现出来的一些看似不可预知的行为，事实上都是可以预见的，因为每个人都有专属的性格，以此决定了人们行动和倾向性。

1921年，荣格发布《心理累心》专著，详细阐述了性格类型论的研究成果。1923年，美国心理学家凯瑟琳·布里格斯在荣格的性格类型理论基础上做进一步研究，后来其女伊莎贝尔·布里格斯·迈耶斯也加入进来。她们以荣格的3种性格倾向等级和8种性格类型为基点，研究确定为4种性格倾向等级和16种性格类型。

使用前要注意的是，这16种性格类型仍然不代表可以具体描绘某个个体的性格，如同10000个具有相同性格类型的人仍然是不同的个体，具有各自不同的微性格区别。

因此，个人同样不能将自己的性格盲目归类，然后对性格特点进行对号，而是要在16种性格类型框架之下发现自己与他人的"共性"和只属于自己的"独特性"，共性与独特性都是有价值的，若能善加利用，都将对人生大有裨益。

还需明白一点，16种性格不存在鄙视链，都具有内在的优势与盲点，没有更好与更糟。因此，性格类型并不能决定一个人的智力维度、成功指数以及适应力的强弱。

运用MBTI测评，我们需要首先了解一下测评对象的状态，即测评者是本我状态，超我状态，还是自我状态。（注意：MBTI一定是测评本我）

所谓本我就如同人刚出生的样子，即"婴儿我"的状态，饿了就哭，不舒服了也哭，没有心智去估计别人，只按照自己的意愿表现。

本我在接受教育后会形成超我，对自身行为有了一定约束，掌握事情的不同做法，也知道哪些事情该做，哪些事情不该做。

自我则是在超我的基础上，结合本我的天性调和而成的。既打破超我的约束，也释放本我的天性，最终形成不越界也不自闭的"理性我"。

比如，某人接受培训时，因为最近睡眠不足而犯困，那个想睡觉的"我"是本我。但他知道，听课是有经济付出的，选择睡觉就是对自己付出的不尊重，这个认真的"我"就是超我。但确确实实很困了，就像在高速路上犯困那样，不小心睡一下缓缓精神，即便强行坐着也会影响听课质量，于是他跟自己商量，只睡10分钟，这个能够将利益最大化的"我"则是自我，将本我和超我调和了。

实际上，本我与自我之间存在一种对立与相互转化的关系。弗洛伊德有一句名言"本我存在的地方必有自我"，说的便是这种关系。

社会适应便是让一个人的无所不能的本我得到修正，成为一个遵守规则与约束的自我，这是本我向自我的转化。当本我完成了向自我的转化，人变得社会化和高级，脱离了动物性，更具有人性的色彩。

自我形成之后，也不会变成一劳永逸的永恒存在。在某些条件下，已经形成的自我又退回到本我的状态，这在心理学上叫作退行现象，即从高级阶段向低级阶段的逆向转变。

作为由本我转变而来的自我，似乎有一种强大的力量想要恢复到原先本我的状态之中，弗洛伊德把这股力量命名为"强迫性重复"。由于外在条件的约束，这种退行难以发生，但一旦外在约束作用解除，本我向自我的退行便很容易产生。例如，节假日是一个常见的有利于自我向本我退行的外部因素，所以在节假日，往往会上演较多的暴力与色情的故事。

在MBTI测评中，需要大家回到本我的状态，因为这是对个体大脑本我偏好的搜寻，回不到本我状态，就难以找到最基层的偏好。虽然寻回本我有些困难，但尽可能排除外界干扰，做出更加准确的测评。

MBTI 是通过四维八极定位个体"本我偏好"的工具。在一份专业的 MBTI 职业体验迷宫地图中，会有四组问题，每一组问题都指向两个方向，大家在回答完这些问题之后，会拿到一个四维八极的 MBTI 代码。

第一个维度，是个体的能量获取方式。有人喜欢通过和外界互动对自身充电（外求），有人喜欢通过独处从内心深处寻找能量源（内求）。

第二个维度，是个体的信息提炼方式。有人通过感官去捕捉能察觉到的所有细节（感知），有人喜欢从宏观信息中挖掘有价值的信息（抽象）。

第三个维度，是个体的决策判断方式。有人喜欢通过纯理性思考与逻辑推导得出结论（理性），有人喜欢将相关者的感受考虑在内得到答案（感性）。

第四个维度，是个体的行动方向方式。有人喜欢按部就班地安排行动（规矩），有人喜欢更具灵活性的随机行动（随意）。

对于上述四个维度，笔者在本章会详细给各位读者讲清楚。但在此之前，一些知识点还需进一步明确。

首先，对代码的认识。为了理解和记忆的方便，四个维度的对立两极都有各自的字母代码：外求（E），内求（I）；具体（S），抽象（N）；理性（T），感性（F）；规矩（J），随意（P）。这些字母变换组合可以表示 16 种性格类型（见图 2-1）。

其次，对术语的理解。图中所列出的外求、内求、具体、抽象、理性、感性、规矩、随意，都不能按字面意思直接理解，要结合实际情况理解。比如，用"直觉"取代"抽象"，即通过大脑第一时间的反应搜集事物传递出的信息；再如，可以用"判断"取代"规矩"，即先进行判断后采取行动。

图2-1　MBTI的16种性格

最后，倾向具有概括性和两极性。下面读者所读到的倾向行为表现大部分都是以极端的情况去举例，并不代表真实情况下读者的倾向就是这么极端的。比如，很少有人的决策方式完全理性或是感性，而是理性或感性偏多一些。

下面分别讨论每个维度和其中对立的两极。

你充电的方式是外求还是内求

这个世界上有两种人，一种人永远为欲望所折磨，他的心总是向着外面的世界，试图去追逐一切，寻求发现新鲜事物；另一种人永远为内心所折磨，他的心更多关注自身，对外面的世界只是抱着客观的态度去思考分析，甚至有一些毫无兴趣，相反，还试图回避世界中的一切，他们喜欢接触客观的资料多过接触外界。荣格把前者称为具有外倾性格的人，把后者称为具有内倾性格的人。

第一个维度中，描述了个体与外部世界联动方式的倾向，以及自我提升所采取的形式，即外倾 E（Extrovert）或内倾 I（Introvert）。

外倾型（E）的人，注意力集中在外部的世界。能自然而然地被外部世界所吸引，并善用自身已有的知识系统去了解世界，从了解中获得对外界的深入认知。我们将这样的充电方式称为"外求"。外倾型的人更容易被接近，喜欢成为外部世界的焦点，依靠和别人在一起给自己的"能量电池"短时间内大功率充电。

内倾型（I）的人，将注意力集中在自身的内心世界，喜欢独处，试图在经历世界之前先了解它，并在了解之后完善自己的认知系统。我们将这样的充电方式称为"内求"。内倾型的人偏爱小范围内的人际交往，避免成为注意力的中心，一对一交际更令他们向往，通过独立且深入的思考徐徐为自己的"能量电池"充电。

E 型人像一台风力发电机，靠外在力量给予推动。因此，E 型人与外部世界联通，观察某种情形，永远会想："我将怎样制造影响？"

I 型人像一个水力发电大坝，靠自身内部落差产生驱动。因此，I 型人建立内心世界，观察某种情形，永远会想："我将受到怎样的影响？"

E 型人的能力阈值趋向广度，I 型人的能力阈值趋向深度。E 型人更关注与外部世界的互动，I 型人更关注内部增值。可以得出结论：E 型人通常对很多事情感兴趣，但不一定达到某种深度；而 I 型人的兴趣范围很少，但却对兴趣有着很深的研究。

但无论是 E 型人还是 I 型人，都有各自的长处和不足。一个喜欢关注外部信息的人，一个有着广泛兴趣的人，一个愿意主动与他人交流的人，通常涉猎广泛，知识面广博，交友量级庞大，但知识与交际都缺乏深度。一个喜欢内向思考的人，一个对知识究根追底的人，一个更愿意独立做事的人，通常知识深度强劲，但结交朋友会更加谨慎，好友数量不是很多，但容易成为知己。

这里要注意一点，"内倾"不等于"内向"。在现实生活中，有一种人是日常生活中比较宅的，身边的朋友都很难约到他出来见面，但是在工作时他独自一人面对几十人甚至上百人都能面不改色口齿伶俐。那就是教师，因为工作需求，他们在工作以外的时间要继续自身的知识水平，保持阅读与学习，同时还要跟众多家长保持沟通，因此，让他们去社交与娱乐的时间并不多。

这种类型的人不属于"内向"，毕竟他们需要讲课，也需要跟很多家长打交道，相较于在休息时间里需要跟朋友外出聚会散心的外倾型，他们只是更偏向于通过独处去汲取能量。

经过上述对比，我们已经知道 E 型人和 I 型人的一些重要区别（见图 2-1）。但要明白，绝对的外求和绝对的内求只存在于两极，是两种极端情况。绝大多数人都存在于外求和内求两者的过渡区间，有的人偏外求，有的人偏内求，具体因人而异。

与（外求）E 和（内求）I 的情况类似，具体（S）和抽象（N），理性（T）和感性（F），规矩（J）和随意（P）也存在两端和中间点的极端情况，通常情况下，人都存在于两点中间但不包括中间点的范围内。关于这部分相关，以下三节将不做重复阐述。

如果 E 型人和 I 型人同时丢了很重要的东西，看看你们能否通过他们的行为去判断是外倾型（E）还是内倾型（I）。

A 在生活中丢了东西，会第一时间向他人询问知不知道或看没看见过；B 丢失了东西首先会尝试独立思考与自我审问。

很明显，A 就是外倾型（E）的典型表现，他希望通过外界了解自己想获得的信息。而 B 就是内倾型（I）的表现，他希望能够通过独立思考而有所收获。

简单的找东西行为，就能折射出 E 型人和 I 型人的极大不同。但两类人的目的都是要解决问题，只是与外界的互动差异极大。

笔者是典型的 E 型人，很多时候都需要同外界联通来帮助自己思考。也就是说，我是先联通外界，再开口说话。我的一位同事则是典型的 I 型人，他习惯先思考到位，再开口说话。但我们最终总能达成协议，因为我们的目标一致，我们分析事物都是客观的，我们的判断方式都是客观的。这里涉及本章以下两节的内容，稍后作详细讲解。

生活中我们会遇到不同类型的人，为了能与别人建立以外求和内求为基础的良性互动，我们就要学会分别跟 E 型人和 I 型人相处。

1. 要懂得互补长短

假如我是 E 型人，我对 I 型人给出的建议会更加重视。并非有意疏忽同是 E 型的人，毕竟 E 型人独立思考方面则有所欠缺，从 I 型人的建议内获取的建议能补充我对思考深度的不足。当然，若是其他 E 型人给出更合理的建议，我也会采纳。面对不同类型的人要注意彼此互补，互相成就，也要懂得博采众长，尊重强者。

2. 要知道如何回避彼此不足

这是了解 E 型人和 I 型人最为重要的一点。懂得彼此的优势，回避彼此的不足，简单来说，就是让合适的人去做合适的事情。如果你是企业负责人，派一名 I 型人去参加一次展会，目标是认识很多新的伙伴并获取更多资源，显然对于该 I 型人就是极度消耗，难有发挥。如果派一名 E 型人去做这件事，就极少会产生消耗，并且收获良多。

了解 E 型人和 I 型人的最终目的是让自己更加了解自己。我们可以观察自己，回忆自己身上发生的真实事情，并以此为基础剖析这些表现，得出自己是外求还是内求。

当然，这并不是简单的过程，而是长期的、需要反复萃取的过程。在初步得出自己是外求或内求后，应继续自我追问，我做事的状态是本我吗？是我自己的偏好吗？是因为外界期待才表现出来的吗？实际上，我们必须要反复回到生活中的情景，一个个去辨析，才能最终确定自己是偏外求更多，还是偏内求更多。

曾经有一位学员，表面看着此人性格爽朗，微笑交际，仿佛一下子就能确定他是 E 型人，但通过对他从小到大能够回忆的所有生活情景的剖析，在排除了非本我的盔甲后，他最终确定自己是 I 型人，他承认自己其实很喜欢独处和独自思考，只是最开始就进入销售行业，迫使自己不得不外向。

他承认自己的职业生涯虽然看似不错，但内心一直很累，仿佛有颗烦躁的种子种在心里，时刻准备发芽。经过对自己性格与职业状况的深刻剖析后，他做出了一个勇敢的决定，离开销售行业，做一个能让自己快乐的短视频媒体人。

笔者以这个实例作为本节结束,就是想告诉各位读者,职业生涯规划一定要从了解自己开始,才能做出真正对自己有益的生涯选择。

你感知的方式是具体的还是抽象的

某次讲课,我问大家:"当说到'苹果'时,你们会联想到什么?注意:回答不能重复。"

某学员:"手机。"

我:"苹果手机。"

某学员:"陕西。我的家乡在陕西,那里的苹果很好吃。"

我:"提到吃的总会想到家乡,人之常情。"

某学员:"想到平平安安。"

我:"我国的传统,吃苹果象征着平安幸福。"

某学员:"万有引力。"

我:"哦,万有引力,那个砸中牛顿的苹果,世界上最牛的苹果。很好。"

某学员:"医生。"

我:"医生,一天吃个大苹果,疾病痛苦远离我,医生是这样说的吧!很好。"

某学员:"想到瘦身。"

某学员:"我说个比较特别的,就是女性的身材,苹果型的身材。"

我:"苹果型的身材,OK,联想到女性的体型,这个脑洞可以。"

我:"这个……"

某学员:"白雪公主和七个小矮人。"

我:"……"

某学员:"创意,科技的创意。"

我:"……"

某学员:"一栋漂亮的房子。"

我:"……"

最终,在学员们层出不穷的回答面前,我败下阵来,我承认我的大脑已经跟不上学员的回答了。苹果跟瘦身有什么关系,和童话又是怎么一回事……

最后我对这番对话进行总结:"说到'苹果'这个词,有些人想到了吃的水果,有些人想到了用的手机,这是和我们的口感、触感有关系,是最直接的感觉。另有一部分人借助常规认知,让思维逐渐脱离'苹果'本体,给出了万有引力、身体、医生。还有一部分人的思维则完全离开'苹果'本体,想到了减肥、房子、童话、科技……思维没有固定模式,同样的信息对于不同的人,关注点和思考方式完全不同,这就是MBTI的第二维度中代码——具体(Sensing)和抽象(iNtuition)。"

输入这段讲课段落的目的不是模拟教学,而是更加形象地将S型感知方式与N型感知方式呈现给读者。

S(具体)和N(抽象)是感知方式的两极,如同S和N连线后的两个端点,有的人偏好实感S,有的人偏好直觉N。

S型人和N型人看世界的方式截然不同,可以形象比喻成开公交和开飞机。公交车因为在路面上行使,车身又比较大,存在视觉盲区,驾驶者会时刻平视前方，尽量把所有信息都收进眼底（关注细节）。飞机因为飞在天上，驾驶者会更关注山川脉络，河流走向，植被状况，将一片辽阔尽收眼底（关注全局）。

如果 S 型人和 N 型人同时去一座城市，S 型人会记住具体去了哪些地方，吃了什么东西，居住情况如何。而 N 型人会形成直接观感，这是一座温度适宜的城市，但生活节奏较快，有些压迫感，但也很有科技感……

为什么会造成这种差异呢？这是因为 S 型人通过打开自己的五种感觉官能去收集信息，即把注意力集中到眼睛、耳朵、鼻子、嘴巴和手部，通过视觉、听觉、嗅觉、味觉、触觉来感知外部事物，也就是每一项接收到的信息都是其实际感觉到的，是非常具体的，因此，S 型人也被称为感觉者。

感觉者相信自己的五种感觉官能能够提供关于外界的准确信息，也相信自己可以通过对信息的梳理得出正确结论。

N 型人则完全或部分不依赖五种感觉官能，而是基于事物的意义、关系和事实上的各种可能性来挖掘信息，相当于开启"第六感感官"去感受事物，是抽象的概念，因此，N 型人也被称为直觉者。

直觉者更加注重隐含在事物背后的意义或推论，更看重想象力，一般喜欢诗歌、哲学、心理学等书籍。他们总是对新鲜的事物感兴趣，他们着眼于未来，在清醒的时候，不是回忆过去，而是思考现在与未来。他们期望好奇未知的一切。

感觉者通常着眼于现在和过去，会更重视事实与现实，一般喜欢读小说、历史等书籍。他们拥有很强的记忆力，对自己过去的经历常常记得一清二楚，并利用这些以往的经验来做决定。他们宁愿和自己了解的、尝试过的并且知道它是真实的事物待在一起，也不愿意经历那些未知过程，因为只有这样，他们才会感到舒服。

S型人汇聚信息是收集，N型人汇聚信息是挖掘，这是广度与深度的对阵。因此，S型人更喜欢事物保持稳定，那样会有利于他们对信息的掌握；而N型人总是试图使事物有所改变，才更有助于自己挖掘到关键性信息。

两种信息感知方式必然会强化两种不同的思维模式，形成不同的行为表现形式。

如果我们是企业管理者，需要了解下属对信息的感知方式，由此划分每个人的具体工作；如果我们是职场人士，也需要知道自己是感觉者还是直觉者，并依据自己的性格偏好设定未来的发展路径。

在职场中，我们需要同时拥有S型与N型的特质，职场之路才能越走越远。那如何锻炼呢？

1. 锻炼边听边思考的能力

善于聆听，可以让你有机会观察他人说话的逻辑。你可以一边听，一边列出对方想表达的主要意思与陈述细节（锻炼具体能力），在对方表述完之后，你要把听到的内容用你自己的语言总结陈述出来，并从对方的角度运用你的思考给出答复（锻炼抽象能力）。

2. 培养深入阅读的能力

阅读是培养逻辑思维一个很好的方法。比如阅读小说，一般不需要你有抽象思维，更多的是培养对画面和情绪的想象能力。而阅读哲学书则需要你有抽象思维，只是这种书通常都比较枯燥。

遇到抽象思维较多的书，一定要精读且慢读，通过领悟作者想要表达的意思，结合自身的理解整理出来。具体逻辑较强的书籍，则可以一边阅读，一边在大脑中整理出文章逻辑的大框架。

当你读完一本书后，把大纲整理好，同时能够根据自己的理解把作者的核心意思阐述清楚，你就达到了预期目的。

如果你是 S 型人，必须知道自己善于观察具体的事实，对细节敏感，思考方式以过去和现在为主，倾向于保持当下的状态；如果你是 N 型人，必须知道自己很注重抽象的概念，无法忽视直觉，更加关注未来和长远，喜欢不断去创造变化。如此你将会对自己的职业生涯有更清晰的认知，该做哪种选择，如何发挥自己的优势。

你决策的方式是理性的还是感性的

第三个维度是做决策的方式，与前两个维度一样，也有两种不同的决策方式——理性（T）和感性（F）。

提到理性，我们很习惯地会想到思考，但感性并非就不思考，因此，理性思考是完全或几乎不受个人情感和价值观影响的，而感性思考在一定程度上必然受个人情感或价值观影响。

T 型人倾向于逻辑上有道理的决定，依靠对证据的分析和对事实的权衡做出决策，并对自己在做决策过程中能够做到客观和善用分析方法而自豪，即便做出令他人不愉快的决定。

F 型人倾向于情感上能够产生共鸣的决定，依靠对事情的在意程度和他们认为事情的正确与否做出决策，并对自己在做决策过程中能够倾注感情和富有同情心而感到自豪，即便做出一些不影响大局却违反规则的决定也在所不惜。

在欧洲某国某地铁站曾发生过一起"流浪汉避寒事件"，引发社会广泛讨论。

进入冬天后，欧洲的天气很寒冷，风雪交加的日子也常有。一天晚上，外面下着大雪，子夜时一位上了年纪的流浪汉想进地铁站避寒，但最后一班地铁已经发出，按照规定很快就要关门了。作为地铁站工作人员，应该如何处理这件事呢？关于这件事的本身我们不做详述，笔者将这个问题抛给学员，想听听大家怎么说。

这件事的矛盾集中在：地铁站即将关门，而外面天寒地冻，拒绝流浪汉的请求很可能引发不可想象的后果，可接纳流浪汉又会违反地铁站规定，并有一定安全隐患。

学员A："我是比较同情这位流浪汉的，但我也有自己的职责，让他进来避寒不符合地铁站规定，我必须履行职责，对他人负责，我会请他出去，虽然这有些残酷。"

学员B："我也同情这位流浪汉，但我没有权利让他进入地铁站，虽然以为个人的想法是很想让他进来的，但仍然不会立即这样做。我会请示领导，若未能得到允许，我会给他喝些热水，拿些吃的，请他离开。与此同时，还会找机会同领导沟通关于流浪汉避寒的问题，看看还可以给予这些人什么样的关怀，想办法做合适的处理。"

学员C："如果只有一名流浪汉，且年纪较大，身体也不好，我会看下工作的地方有没有毛毯或者衣物提供给他保暖，但我还是会按时下班关闭地铁站。但是同时我会查一下，如果附近有能够安置这些流浪汉的场所，我就会介绍他过去，也可以带他过去。如果是多名流浪汉，处理方式就会有所不同，不会提供毛毯和衣物，而是直接查找安置场所带他们过去。当然，如果找不到安置场所，我也无能为力了。"

学员D："我想无论如何还是应该以人的生命为重吧！虽然地铁站有规定，但一个年老体弱的流浪汉在风雪交加的晚上找不到避寒的地方，很可能会冻死。如果只有一名流浪汉，我会让他进入地铁站，给他提供一块地方，给他准备些食物和衣物，并告知他除了去卫生间外不能随便走动，更不能触碰地铁站的设备。明确告诉他地铁站夜晚不熄灯，监控始终开启，他的一举一动都在监视范围内。"

我："非常好，一共有四个答案，如果归纳总结就是两类答案，理性类和感性类。A学员的决策只有理性，没有感性，决不打破规则；B学员的决策理性偏多，感性偏少，争取在一定范围内打破规则；C学员的决策理性偏少，感性偏多，虽然守住了规则，但也做了很多同情行为；D学员的决策只有感性，没有理性，规则在同情中被打破了。"

学员A："那是不是说，我是理性的，而D是感性的，B和C是两者兼有的。"

我："只能说你在大部分情况下是理性的，而D在大部分情况下是感性的，但不能说你就是绝对理性的人，只会思考没有感情，而D是绝对感性的人，只有感情没有思考。你做出的'请出流浪汉'的决定是建立在权衡规则与同情之后的结果，而D做出的'留下流浪汉'的决定同样是建立在权衡规则与同情之后的结果。也就是说，无论理性决策还是感性决策，都是经过思考的，这个世界上几乎不存在纯粹的理性和纯粹的感性，只是决策呈现的效果不同，让人们误以为感性偏多的决策就是非理性的。所以我们说，理性和感性都是思考过后的结果，只是在做决定的过程中思考的程度和标准不同而已。但也不可否认，善于分析、更多地进行分析对事情本身是有利的，如果决策过于感性，就免不了会感情用事。"

在解释清楚这个疑问后，再来看看 T 型人和 F 型人对待事物和做决策的具体差异。T 是 Thinking 的首字母，是理性思考，会从感情中抽离出来，更多考虑逻辑的合理化。F 是 Feeling 的首字母，是情感型的决断方式，但并非极度感性，而是会考虑在当下角色中相关人的感受。

T 型人在做决策时，要让自己离开这个情境去观察一下，从理性和逻辑的角度思考怎样处理问题才是最好的。F 型人在做决策时，自己需要回到这个情境内，思考不同的决定分别让谁受到了怎样的影响，依据影响和自己的接受力做出最终的决策。

如果你是 T 型人，你会关注如何成功，被成功的欲望所激励，做事重视逻辑，喜欢客观分析和追求标准化，当然会更多地看到问题和不足，难免有些挑剔，给人的感觉是严肃甚至有些冷酷无情，不关心他人。当你认为事物不合乎逻辑时，以此产生的情感也会认为不合理，只有在事情合乎情理时情感才合理。

如果你是 F 型人，你会因受到欣赏而感受激励，做事更多考虑对他人产生的影响，重视和谐和富有同情心，能够自然而然地欣赏他人，难免会有感情用事之时，给人的感觉是情感之上、有些圆滑，喜欢取悦他人。你很相信情感都是合理的，无论事情是否合理。

论述到此，我想你应该能够定位自己的决策方式是偏理性的还是偏感性的了。

当你了解了 T 型人和 F 型人的差异后，就可以通过他们的特点去了解一下在职场上他们是如何配合"双打"的。

通常情况下，企业的管理层一定会有 T 型人和 F 型人两类，销售与市场的负责人多数都是 T 型人，行政、人资的负责人则多是 F 型人，两者互补，共同构建和谐平衡的工作环境。笔者就是偏 T 型人，批评人不留情面，向员工交代工作只关注什么时间有结果，如果员工没能保质保量完成，我是不会听理由的，因为这件事已经产生了不利影响。

此时，企业的另一位 F 型的负责人会登场，把被批评的员工叫到一边，先认可员工的工作能力，再询问员工出状况的原因。当得知员工是因为个人感情问题导致状态下降而影响工作质量后，会耐心劝导员工"不能让私事影响工作，工作在合理范围内是无条件必须要做到的"，并询问该员工"能不能更好地管理自己的情绪，并将下一阶段的工作做好？"得到员工的肯定回答后，会真诚施以鼓励。

理性人与感性人的结合是一种平衡，如果全部是 T 型管理者，工作进度没得说，但缺少了相应温度，有了理性化，却少了人性化。同理，如果全部是 F 型管理者，人际温度绝对够高，但工作效率一定会差很多，一味讲感情，最终会失去感恩。

企业在做决策的时候，通过大数据推理出来的选项，能准确地将各项决策风险很清楚地罗列出来，便于决策者权衡利弊后做出决策。这虽然高效理性，但对于未知的领域，瞬息万变的未来发展来说，仅有的理性很可能是无能为力的。同时理性决策看似客观标准，实际上，并不完全符合企业内部长久以来形成的固有文化与价值认同。这时候感性决策就显得尤为重要。

作为决策者应当认识到理性与感性的重要性，既不完全依赖理性分析，也不完全依赖感性决策，完美的决策应当是两者的融合。

你行动的方式是规矩的还是随意的

第四个维度的 J 和 P 是与生活的进行方式相关。你喜欢有条理的生活方式，还是喜欢顺其自然的生活方式呢？这是两种截然不同的生活方式，前者是规矩，后者是随意。

在回答上述问题之前，大家先思考一个更为实际的问题。想象一下，一共有 5 个人，人均 1 万元预算，旅游 7 天，如果你是策划者，你会如何替大家做出行计划呢？包括游玩路线，交通工具，衣、食、住、行……

这个问题我曾向学员们提出过，学员的回答可谓别开生面，摘取其中比较有代表性的提供给大家（前提：这并非测试大家的预算能力，也不需要真正为每一笔支出做预算，只是看看大家在短时间内的规划，借此了解人的行动方式）。

学员 A："我的计划是带大家去见识异国风情，目的地是东南亚的新加坡、马来西亚和泰国。交通工具先选择飞机，然后国外城市尽量选择大巴，可以更多地看到风景民俗，住宿以民宿为主，如今是东南亚旅游旺季，费用会相对贵一些。三餐以街边小吃为主，既节省又能近距离感受当地饮食文化，也会安排一两次大型聚餐，体会当地饮食文化。我们的第一站是飞机抵达新加坡，然后顺马来半岛北上，一路抵达吉隆坡、马六甲、宋卡、吞武里、曼谷、清迈，其中，马六甲和吞武里是长途行车时的稍做停留地，宋卡和清迈分别只停留半天，新加坡、吉隆坡和曼谷分别停留两天，作为深度游览城市。"

我："好，这位学员的规划里边，关键词是交通、住宿、饮食和城市分配，包含面很广泛，这是一份很有效果的初步预算方案。"

学员B："我的计划是体验生活+投资理财，目的地是国内某偏远但风光宜人的山村。首先准备一辆车，大家一起过去，7天时间与大自然亲密接触，感受纯净的力量。余下的钱用作投资，可以购置理财产品或者投资到股市上，长线经营，几年后给自己一个不大不小的惊喜。"

节选这两个答案，是因为这刚好是需要的。学员A的计划囊括了衣、食、住、行的方方面面，以预算价格进行一次完美的旅行；学员B的计划则简单许多，就是我带领大家，再带上钱，上车走吧！没有什么具体计划，结余多少也不清楚，但因花销有限，总会有结余，用作投资就好了！

学员A和学员B分别代表了两种行动方式，前者是Judge，即J（规矩、判断），后者是Perceiving，即P（随意、观察）。

J型人凡事以规矩为主，追求井井有条的生活方式。如同奔驰的高铁，到点来，到点走，绝对不误点，也绝对不等你，怎样的路线，用时多长，全都按计划执行。这会给人超级安全的感觉，赶上高铁就一切顺利。因此，J型人最骄傲的时候是当他们的生活井然有序时或问题在秩序下得到解决时。他们持续以规则的态度进行判断，并喜欢在关键时刻做决定。

P型人凡事追求本心本意，喜欢顺其自然的生活方式。就像全地形越野车，去戈壁时根本不想走已有的路，有空隙就会钻进去，有风景就会停一下，返程既没有时间设定，也没有路线设计，虽然会遇到很多不确定性风险，但过程中也会有很多特别的惊喜。因此，P型人最骄傲的是他们的生活充满灵活性，可以根据自己的意志变通。他们持观察者的态度，且喜欢对一切可能性保持开放心态。

J型人和P型人的行为方式的差异体现在方方面面。其中一个非常重要的区别是紧张情绪的引发，J型人从事情开始就触发紧张情绪，直到结束时刻的到来；P型人的紧张时刻只存在于被迫做决定的时候。

J型人采用执行计划的方式，按照事先制定的进度在时间期限内完成工作。P型人采用顺其自然的方式，通过冲刺赶在时间期限前完成工作。

对比J型人和P型人，关于计划和应对的差异，J型人不仅有A计划，还有B计划；P型人没有计划，而且永远希望探索更多的可能性。

如果是一项已经非常确定的项目，项目组的主要成员应该是J型人，还是P型人？答案是J型人。他们可以坚守时间期限，认真完成项目的每一项工作。

如果是一项时间不那么紧，且没有具体规划的项目，项目组的主要成员应该是J型人，还是P型人？答案是P型人。他们在相对宽松的时间期限内，能够为项目提供一些创新思路，增加项目宽度。

无论是规矩还是随意都没有绝对的优缺点，我们更多的应该做到两者结合。

一直以来，我们会听到别人说"无规矩不成方圆"，何为规矩？规是画圆的工具，矩是画方形的工具。规矩合在一起，则引申为一定的标准、法则或习惯，也对应了第四维度的这两种类型。

方，表示一个人有棱有角，方方正正，有主见，有原则。这类人大多倾向于遵守规则，坚持原则，对事物的基本判断更倾向于分清黑白对错，对应的就是喜欢按计划行事的J型人。

圆，表示一个人圆滑世故，处事灵活，懂得变通，不得罪人，处处留面子，不把事情做绝，对事物的基本判断更倾向于不分黑白对错，接受灰色区间不走极端。对应的就是喜欢随机应变的 P 型人。

方与圆是辩证的统一。外方内方的人多半很自我，表现出为人强势的特点，顺之者昌，逆之者亡。外圆内圆的人多半缺乏主见或者缺乏担当，给人以虚伪做作的印象，也难有朋友。外方内圆之人给人留下讲原则不留情面的有底线的外表，貌似难以接近，但内圆的一面会时刻提醒自己要不断反思其他不同的想法并理性做出选择。外圆内方之人则表示内心有底线，且善于利用灵活多变的方法来影响不同类型的人合作共进。

从经营管理的角度来看，方代表了管理，需依靠刚性的规则去实现。圆则代表了经营，需要依靠柔性的变通来应对落地过程中的市场或资源的变化而取得最优结果。

从为人处世的角度来看，需要把握方和圆的"度"。该方则方，该圆则圆。保持底线，求同存异。心态放平，与人为善。

第三章　找到职业追求的动力源

俗话说：化悲愤为力量。悲愤就是一种动力源。那么，我们在职场辛苦打拼的动力源是什么呢？

你不要告诉我，你没有什么动力源，只是需要吃饭，需要养家糊口，才迫不得已工作的。其实，这种迫不得已也是一种动力源，是生活的无奈不得不这样做。很显然这样的动力源是被动的，而被动的源头很难流出清澈甘甜的水流。我们需要的是主动的动力源，是我们愿意付出时间、付出心血、付出青春为之奋斗不止。

搜寻你的职业价值：你最在乎的是什么

职业价值是指人生目标和人生态度在职业选择方面的具体表现，也就是一个人对职业的认识和态度以及他对职业目标的追求和向往，同时也是人认识世界和改造世界以实现人生价值的途径之一。

正所谓："人各有志。"这个"志"表现在职业选择上就是职业价值观，它是一种具有明确的目的性、自觉性和坚定性的职业选择的态度和行为，对一个人职业目标和择业动机起着决定性作用。

此外，价值观更是我们主动付出的源头，也就是说，我们最在乎什么，最想为什么而努力，最想获得什么。

而是否达到"最"的程度，往往决定了人的后续行为。比如，身体状态不是很好，但有个关键的业务需要争取，拿下则生涯更上一层楼，拿不下还将是不温不火。这时就需要价值观出马，衡量自己到底看重什么，是身体，还是事业，然后做出选择。

再如，为了拿下这单业务，可能需要使一些不太光彩的手段，有的人认为获得事业上的突破比什么都重要，他会继续操作下去。有的人认为坚守道德和规则更加重要，他会选择放弃，这就是价值观在帮人们做决定。

每次讲课我都会让学员做关于价值观拍卖的游戏，说是游戏，其实更是对大家价值系统的深探。

拍品包括比较典型的人生价值：成为做事最聪明的人、成为一名优秀的大企业 CEO、拥有世界上最精湛的手工技艺、美丽浪漫的爱情、幸福美满的家庭……每一个背后都代表了一类人生的价值体系。

我们为每名学员提供 1 万元虚拟的生涯币，相当于每个人一生的时间，而拍品都是 3000 元起价。这样的设定是让大家产生一种压迫感，因为每选择一个重要的人生目标，就会消耗人生约三分之一的时间去努力追寻，如果有竞争，还需要举手加价，选择对人生的消耗会更多。而且，生涯币代表的不是金钱，而是时间，不能借贷，不能增长，消耗了就没有了，只能用于认为最重要的目标。

每个人的资源都是有限的，尤其是时间，一去不复返。但我们想要的东西总是希望越多越好，且都需要付出时间才能得到，时间有限但需求无限，在做选择的时候，都要在内心进行衡量，划分出最重要、次重要、一般重要、不重要。因此，价值观就是我们做选择的时候，优劣、轻重缓急的排序体系。

价值观有个超级重要的特点——主观性。正因为对各种价值观的自由组合和优先排序，使得每个个体都与众不同。比如，妻子追求稳定，丈夫追求挑战，这对夫妻的价值观并没有对错之分，只是因为各自内心最重要排序不同。再如，有人认为上班通勤在20分钟之内是离家近，有人认为开车2个小时以内也不错，这也是价值观重要性排列不同的结果，前者注重生活质量，后者注重事业追求。

因此价值观是多元的，它并没有对与错的区别，主要看你把什么东西放在前面，又由于什么原因把它放在前面。

如上所说，价值观还是行为的驱动力，一个人的行为总是被其最重要的价值观所驱动。但现实好像有些出入，很多人明明不喜欢当下的工作，可他们依然坚持着。这就涉及了"马斯洛需求"的概念——我们的职业生涯会根据需求层次的不同阶段表现出不同倾向。

美国心理学家亚伯拉罕·马斯洛提出的"马斯洛需求"从低到高分别是：生理需求、安全需求、归属需求、尊重需求、自我实现需求。当低层次需求得到满足后，人们才会去追求更高一层的需求。如果一个人还在为糊口劳心费力，是没有时间和心思去考虑更高级别的需求的。当一个人的归属需求得到满足后，会很自然地考虑尊重需求和自我实现需求。

很多企业喜欢给员工描绘蓝图，让员工畅想企业成功后自己变成百万富翁、千万富翁甚至亿万富翁的情景。但问题在于，员工当下可能还在为下个月的房租发愁，让他畅想大富翁的情景，这不是鼓励，而是诛心，只会让人倍感苦涩。

马斯洛在其所著的《人性能达到的境界》中有一句名言："越是底层的需求对价值观的影响越大。"思考这句话之前，需要对人性的本源进行探索。底层的需求关乎人的生存，当生存受到威胁时，任何价值观都显得没那么重要。这就是为什么很多人工作得不开心，也看不到希望，却依然不能辞职，因为上有老下有小，他没有做出改变的资本，也不敢有任何改变。这种情况下，最重要的人生目标在生存面前都退而求其次。

但是，这种"求其次"有一个前提，就是维持在当下的不开心状态下，坚持做不喜欢的工作，能够满足底层需求。如果自己的坚持连底层需求都无法满足，再"求其次"则毫无意义，穷则思变就是这个道理，哪怕是被动的，人也会寻求改变。因此，虽然最底层需求对价值观的影响最大，但也让价值观退到了无路可退的境地，改变往往蕴藏其中。

有一点需要注意，价值观不是道德。道德是人们设立的"好行为"的标准和约定俗成的行为准则。道德和价值观相互影响，但又有本质的区别。道德对人起约束作用，价值观对人起推动作用；价值观推动我们主动去追求什么，道德约束我们在追求的路上什么是不可做的。

因此，人的选择通常介于道德和价值观之间。比如，你的价值观是"若为自由故"，但道德告诉你不能"两者皆可抛"，对家庭的责任是你必须承担的。

很多人认为性格决定命运，但其实真正决定一个人命运的是他的价值观。想成为职场中的顶尖人物，就必须清楚地知道自己的价值观，同时确定按照这个价值观过完人生。

我所见到的在职业上顺风顺水的人都是因为他们坚持自身的价值观，而一些不太顺利的人大多都思想混乱，要么坚守了错误的价值观，要么根本没有，随着社会大众的舆论摇摆不定。

从企业选人的角度也能够很好地揭示价值观的重要性。为什么麦肯锡的很多咨询顾问并不是出身于管理专业？为什么一些学业上并不突出的同学反而在竞争激烈的应聘中胜过学习成绩突出的人？为什么外企在招聘实习生的面试中总是提出"你最大的成就是什么""你最大的优缺点是什么"等看似非常普通的问题？笔者认为都和价值观有非常密切的关系。因为一个人在职业上的价值观和他能取得的成就是息息相关的，与此相比，一时的学习成绩反倒成了末节。

从价值观的角度来说，职业发展成功与否的判别标准就是你是否得到了你想要的生活，你的职业所带来的生活方式是否符合你的价值观。如果符合，你就会感觉很快乐，哪怕收入相对低一些；如果不符合，你就会感觉很痛苦，哪怕你的年薪看起来很高。

职业发展不能用挣钱的多少来衡量，那不应该成为我们职业上的目标。我看到的真正成功的职业人士，即使在他们职业生涯的早期，也没有单纯地考虑金钱，而是更多地追求自己的梦想，按照自己的价值观去发展，这样的人反而更容易成功，金钱是其职业发展所带来的副产品。

当你按照自己的梦想去追求而后获得成功，所有美好的东西都会朝你招手，包括金钱。

用价值观为职业发展注入坚定力

在从事职业生涯规划行业的这些年里，我们接触到各种各样的职场人士。在对他们进行职业辅导的过程中，笔者发现很多人对自己的职业发展都处于迷茫中，他们没有明确的职业目标，更没有清晰的职业规划。他们面对用人单位抛出的招聘职位，常常陷入纠结、焦虑。这一方面是由于应聘者对于所在的行业及企业的用人需求不了解，但更重要的是对于自己不了解，不知道自己想要什么，在乎什么，看重什么，不知道什么样的机会真正适合自己。

对于职业方向的选择，笔者给出的建议是，与其看不清未来和外部环境，不如回头看过去和看自己。在此，职业价值观就起到了重要作用。

因为职业价值观是人生目标和人生态度在职业选择方面的具体表现，也就是一个人对职业的认识和态度以及他对职业目标的追求和向往。当职业与价值观完美搭配时，价值观将给职业从业者注入强大的坚定力，如同给职业的航船扎下一根巨锚，任凭外界风浪再大，也不会偏离航向。

锚，是用于船只停泊定位的铁制器具。职业锚，实际就是人们选择和发展自己的职业时所围绕的中心，是自我意向的习得部分。当一个人必须做出艰难选择时，当职业生涯需要其他走向时，当现状逼迫我们不得不做出改变时，职业中至关重要的东西或价值观都不会被放弃，这些不会被放弃的东西积累沉淀成"职业锚"。

| 预见：成就更好的自己

埃德加·施恩是职业生涯规划领域的"教父"，是顶级的职业指导专家，他领导的研究小组针对其任职的美国麻省理工大学斯隆商学院的44名毕业生进行了一项长达12年的职业生涯研究，包括面谈、跟踪调查、企业调查、人才测评、问卷等多种方式，最终分析总结出了"职业锚"理论，又称"职业系留点"。

施恩教授提出的职业锚理论包括：自主型职业锚、创造型职业锚、管理型职业锚、技术型职业锚、安全型职业锚，挑战型职业锚、生活型职业锚、服务型职业锚。

自主型职业锚：独立自主的人希望以更大自由度来安排自己的工作方式、工作习惯和生活方式。追求能最大限度施展个人能力的工作环境，以求摆脱组织的限制和制约。在放弃提升或工作扩展机会与放弃自由独立的工作状态之间，会毫不犹豫地选择前者。他们注重培养自力更生、对自己高度负责的态度。他们倾向于专业领域内职责描述清晰、时间明确的工作。他们可以接受组织强加的目标，但希望独立完成工作。如果他们热爱商业，多会选择不受企业约束的咨询服务和培训工作。例如，室内装饰专家、图书管理专家、摄影师、音乐教师、作家、演员、记者、诗人、作曲家、编剧、雕刻家、漫画家等。

创造型职业锚：喜欢创造的人通常喜欢冒险，希望用自己的能力去创建属于自己的事业（企业或完全属于自己的产品/服务）。对于创造/创业型职业锚的人来说，最重要的是建立或设计某种完全属于自己的东西。他们有强烈的冲动向别人证明这一点，这种人通过自己的努力创建新的企业、产品或服务，以企业或者产品打上自己的名号为豪。在经济上获得成功后，赚钱便成为他们衡量成功的标准。他们还会发展自己的生意，尝试创业，但是他们发展自己的生意是源于表现和扩大自主性的需要，而创造型职业锚的人在创业初期阶段，会毫不犹豫地牺牲自己的自由和稳定以获取生意的成功。他们的工作类型在于不断地接受新挑战，不断创新。他们着迷于实现创造的需求，容易对过去的事情感到厌烦。

管理型职业锚：擅长管理的人追求并致力于在职场上发展，倾心于独自负责并承担某一部分，喜欢以实力获得工作晋升的机会，并将企业的成功与否看成自己的本职。拥有管理型职业锚的人会把专业看作陷阱，当然，这不等于他们不清楚掌握专业领域知识的必要性，不过，他们更认可组织领导的重要性，掌握专业技术不过是通向管理岗位的阶梯。例如，仓储管理员、旅馆经理、饭店经理、广告宣传员、调度员、政治家等。

技术型职业锚：以技术/职能见长的人，追求在专业能力上的成长，以及实际应用的机会。他们喜欢来自专业能力方面的挑战，对自己的认可也基于专业能力的水平。在职业类型方面，他们从事的是在某一个专门领域中富有一定挑战性的工作。他们忠于某一组织，参与组织目标的制定过程，确定目标之后，他们抱着最大的热忱和独立性去实现目标。他们不喜欢管理工作，不愿意离开被认可的专业领域，也不希望被提拔到管理岗位中。例如，木匠、农民、工程师、飞机机械师、野生动物专家、自动化技师、机械工、电工、火车司机、公共汽车司机、机械制图等。

安全型职业锚：追求安全稳定的人希望在工作中获得安全感与稳定感。这种类型的人选择职业最基本、最重要的需求是安全与稳定。通常，只要有条件，他们就会选择提供终身雇用、从不辞退员工、有良好退休金计划和福利体系、看上去强大可靠的企业，他们喜欢"铁饭碗"，希望自己的职业跟随组织的发展而发展。只要获得了安全感，他们就会有满足感。相比工作本身，他们更看重工作内容。他们愿意从事安全、稳定、可预见的工作，至于职位本身他们并不关心。

挑战型职业锚：喜欢挑战的人不惧艰难和障碍，不害怕那些看似误解的问题，也不畏惧强悍的对手。对他们而言，职业不仅是实现理想的阶梯，也是挑战各种不可能的游戏设定。他们不断挑战自我，呼唤自己去解决一个又一个困难，在工作中攻克一个又一个任务，并享受战胜带来的成就感。他们喜欢冒险，好斗，并不惧怕冲突。一旦看不到工作中有挑战机会，就失去了工作的动力。

生活型职业锚：打造生活的人渴望在工作与生活中获得平衡，他们希望的工作环境能兼顾职业需要、个人需要、家庭需要三方面。因此，他们需要一个能够提供足够弹性让他们实现内心目标的职业环境。为了获得生活与工作的平衡，他们愿意在职业方面做出一定牺牲，例如，晋升带来的职业高度、加薪带来的高品质生活等。他们认为自己在如何去生活，在哪里居住，如何处理家庭事务，以及未来在组织中如何发展是与众不同的。

服务型职业锚：服务型的人一直追求他们认可的核心价值，希望能够体现个人价值观。例如，帮助他人解决困难，消除他人的安全隐患等。他们希望能够以自己的价值观影响雇用他们的组织或社会，只要显示出世界因为他们的努力而更美好，就实现了他们的价值。这种服务的供职机构既有志愿者组织和各种公共组织，也有顾客导向的企业组织。只要工作能带来价值就可以，至于能否发挥自己的能力则无所谓。例如，社会学者、导游、福利机构工作者、咨询人员、社会工作者、社会科学教师、护士等。

作为个人，需要不断地自我探索，确认自己的职业锚，并将自己的认识与组织进行沟通。尽管实现职业锚与职业匹配的责任在组织，但不要指望组织能充分了解个人的内心隐秘。作为组织,需要建立起灵活的职业发展路径,多样化的激励体系和薪酬体系,以满足同一工作领域中不同职业锚的需求。组织管理者也要清楚,即便是同一性质的岗位,可能也会有不同的职业锚停泊。

在现代职场中,个人与组织的发展并不矛盾。职业锚的本质,是实现个人生涯愿景与组织发展战略目标的相得益彰,化解个人与组织的冲突,把达成组织目标和自我实现融为一体。

价值观是你自己打造的专属勋章

价值观是个人的一种价值主张,并愿意为此付诸实践,在此过程中逐步取得成功,并获得他人的认可。当价值观被更多的人认可后,如同给自己的胸前戴上一枚勋章,它的意义不仅是对自己的奖励,也是一种代言。

勋章是个人成绩的集中体现,每个国家对做出突出贡献的各类人都会颁发各种勋章予以奖励。当人们看到勋章时,就大概知道了该人所取得的功绩。

一些企业也效仿国家的勋章制,给自己的员工颁发企业内部勋章,以奖励对企业做出重大贡献的员工。

这些都是由组织给个人颁发勋章,个人不能给自己颁发勋章,但我们可以通过对价值观的实践赢得只属于自己的专属勋章。这个勋章是无形的,却极富含金量,代表了我们过往的奋斗历程。

为了能让自己尽快获得专属勋章,我们要加快努力的步伐,而决定我们脚步速率的是价值观是否正确。因此，在为自己做职业生涯规划之前，一定要清楚和明确自己的职业价值观。职业价值观决定了哪些因素对你是重要的，哪些是不重要的；哪些是你需要优先考虑和选择的，哪些是当下必须放弃的。

职业价值观是一个复杂的多维度的心理因素，对职业的选择和衡量需要多种要素参与，但各要素起的作用是不同的。从当前的实际来看，许多调查显示，年轻人的职业价值观越来越重视"发展因素"，而对保健因素和声望因素的重视程度则因人而异，差别较大。

职业满意度的很大一部分来自你的工作与你本人的价值观是否保持一致。定期评估工作和价值观之间的匹配，毕竟工作的需求变化如此之快，以至于你当初从事的工作可能与你目前所从事的工作有很大不同。并且，随着年龄的增长、生活的变化，你的价值观也可能会发生变化。

例如，同事A获得了丰厚的薪水，但是她认识到自己最看重的一点就是工作时间表的灵活性。所以她向老板申请减薪以换取每周只工作四天。同事B则非常看重工作中的成就感，所以他特别积极地与上司讨论他的工作是如何影响整个部门，以及时常询问自己还可以为这个集体做些什么。

说到底，人们只有在高符合程度的工作状态下才能发挥最强能力，才有助于实现自己最初选择这份工作的期望，在这种情况下，获得自己专属勋章的概率将大大增加。

第四章 找到职业能力的优势区

职业能力是人们从事职业的多种能力的综合。职业能力可以定义为个体将所学的知识、技能和态度在特定的职业活动或情境中进行类化迁移与整合所形成的能完成一定职业任务的能力。

职业能力的优势区是相对于劣势区存在的。在优势区中更有利于个体发挥已具备的职业能力，也能提高职业活动的完成率；在劣势区中则不利于个体发挥现有的职业能力，更不利于职业活动的完成。

因此，职业生涯规划的一个非常重要的方面是认清自己的职业能力，并进入职业生涯优势区，只有在优势区中，个体的价值才能得到最大呈现。

能力是职场硬通货

无论是古代还是现代，无论是国外还是国内，无论是企业还是工厂，无论是打工还是创业，自身实力永远是不断前行的通行证。

对于生涯规划来说，个人的实力就是职业能力，主要包括三方面基本要素：

（1）为胜任一种具体职业而必须具备的能力，表现为任职资格。

（2）步入职场后表现的职业素质。

（3）开始职业生涯之后需具备的职业生涯管理能力。

例如，教师的职业能力包括：语言表达能力，对教学的组织和管理能力，对教材的理解和使用能力，对教学问题和教学效果的分析、判断能力。

职业兴趣往往能决定一个人的择业方向，以及在该方向所乐于付出努力的程度；职业能力则说明一个人在所选职业上能否胜任，以及在该职业中取得成功的概率。

能力是有结构的，能力可以拆解。知识不等于能力，却是能力的三个核心要素之一，另外两个要素是技能和才干。知识要素是：我懂得的东西。技能要素是：我能操作并能完成与创新的东西。才干要素是：我的个性与内在品质，加上我养成的良好习惯。

对于这三核，我们的忠告是：知识类能力的提升靠学习、技能类能力的提升靠练习、才干类能力的提升靠修炼。

任何一项职业能力的实现都离不开能力三核。比如，游戏达人杨乐乐原本想从事的游戏开发职业，他的能力三核的具体表现应是：

（1）知识：游戏理论与产业基础、游戏设计方法论、各类游戏方方面面的特点、心理学与行为学知识。

（2）技能：艺术鉴赏力、文字创作与表达力、数学与逻辑能力、计算机软件能力。

（3）才干：肯钻研、善于洞察本质、富有想象力。

再如，近几年的高校热门专业排名一直靠前的会计学专业，如果想成为一名合格的会计从业者，其能力三核的具体表现应该是：

（1）知识：会计学理论基础、经济法律法规、财务分析、成本管理、财务应用软件。

（2）技能：整理数据材料的能力、信息分析能力、审核校对能力、与业务部门沟通的能力。

（3）才干：细致、严谨靠谱、对数字敏感。

通常在某个领域，纯熟的技能能让一个人达到优良级（70～80分），想要变得卓越（90～100分）就需要才干的帮助。但同时，才干必须与知识和技能相结合才能被识别。就像一名极富创意才干的主厨，需要结合烹调、摆盘的技能和所掌握的食材知识来展现他的创意，如此才干才有了被识别的价值。

职业能力进阶的"四重奏"

倒退三十年，职场的概念刚刚从改革开放的窗口——深圳传往其他地方，那时候，人们对于如何在职场上更好地生存还没有概念，只知道认真干，好好干。后来逐渐有了学习意识，很多有理想的职场人在业务时间拿起了书本，饥渴地汲取着所需的知识。看来这时的职场人已经懂得了职场发展的基本路径，就是不断学习，充实自己。随着时代的快速发展，职场环境也在高科技的裹挟下发生了巨大变化，同时，职场能力的进阶手段也在高科技的冲击下呈现越来越多的模式。过去只需要从书本上获取知识，再向同行业优秀的人请教，即可实现能力进阶。如今，学习的载体已经大变样了，书本仿佛成为最落后的手段，借助网络能够快速地、有针对性地、更具总结性地汲取更多营养。

21世纪，职场能力的重要性已经无须再讨论，我们要说的是关于职业能力进阶的方式，可以总结为"四重奏"——看书、听课、混圈子、分享输出。

1. 看书

要想掌握和提升一项能力，首先要掌握本能力需要的基础知识，这里看书则是最快、最省时省力的方式。在书籍选择上，既要看畅销类的书籍，也要看教材类的书籍，但绝不能只看信息类的杂志。通过通读不同领域的相关书籍，可以快速搭建知识架构、熟悉领域理论流派、掌握基础概念等。当初，笔者在决定进入生涯领域前，不是去急于报班，而是买了一堆生涯规划方面的书籍，像高考备考一样啃读。最终在读完了差不多50种各类生涯规划方面的书籍后，我才去报了行业内的认证课程，有了前期的知识积累，让我在课堂上接受更快，思考更多。

2. 听课

一天吃完饭时，杨忧忧打开手机微信，看到新信息提示已经无法用数字显示了，几个课程微信群右上角分别显示的新信息数量已达数百。她看看这些语音课程，选择滑过实在可惜，爬楼去听又没有时间，直接删除又难以做到，一时间竟然没了主意。

这些微信群有些是线下课程的后期延续，有些是正在讲授的网络课程，有些是尚未开始的网课前奏。

除了微信群，杨忧忧手机主页面上各类学习平台APP里还躺着很多课呢！"得到"里有几个人的专栏需要阅读，"好多课"里有几个关于品牌运营和新媒体运营的课程只开了头，"分答"里还有几个小讲座没听完，"千聊"不时发信息提示她有关注的新课即将开始了。授课者的类型各种各样：大咖讲课、学友分享、前辈倾情传授、新手免费互动、新晋网红打卡、新起 IP 变现。价格从几元到几千元不等，价格不贵的，心一动，手一滑，就完成了购课程序；价格昂贵的，心一横、手一抖，也完成了支付程序。

你可能会感觉奇怪，她为什么要订购这么多网课呢？有时间学吗？杨忧忧兴趣广泛，不仅喜欢学习，而且对新事物、新话题尤其感兴趣。平时看到各类网课，只要是感兴趣的，就会心痒，忍不住支付买来听。

但这些课程就像商量好了似的，几乎都是晚上 8：00～10：00 的黄金时段开课。但一个人晚上的时间是有限的，很难同时听几门课。

杨忧忧看着越积越多的未听课程，内心充满焦虑。原本花钱买课是为了加强学习，提高认知，提升能力，增长见识，从而减轻自己适应时代变化的压力，没想到却给自己带来了更大的压力。

我想，杨忧忧这样的情况绝非个例，现实中有很多张忧忧、王忧忧、李忧忧、赵忧忧、刘忧忧……还有一些人虽然没有花钱买很多课，但在手机里安装了很多关于学习的 APP，梦想着自己也能开始学习之旅，但装上和开始学则是两回事，很多人的学习 APP 从装上那天起就没有打开过。这些人就是自我安慰，认为自己买了很多课程、装了很多学习 APP 能力就提升了，其实并没有。

"三板斧"的第一斧应该是以是否将学以致用作为选择课程的唯一标准。

知识经济时代，个人 IP 风起云涌，导师如雨后春笋般破土而出。课程种类繁多，题目眼花缭乱，内容全覆盖，效果高大上独一份，让人觉得错过这个课将会遗憾终生，上完这个课就可以很专业、很厉害。

这种情况下，选择就不能只被标题吸引，需要仔细分辨课程大纲和内容框架，主要分析课程大纲是否能定点精讲、细讲、透讲。

再看课程的性质，如果纯粹只是理念性或者模式性的内容，建议谨慎选择。别人的做法固然有效，但未必适合你。而且，这些事后诸葛亮拼凑出来的理念和模式只能产生"鸡血效应"，兴奋之后毫无实效。

还要关注讲课者，其专业积累和背景经验如何。他们不一定是大咖，但一定要真料。那些纯理论大咖不建议选择，实践出真知，在某个方面做过、学过的人，讲课一定比只想过的人更加生动，且更接近现实状况。

最后要拒绝焦虑型学习，学完很快就有机会实践，从实际操作中进一步完善细节。你现在正在运营公众号，就去听这方面的课程，然后拿过来操作，比如怎么导流引关注，怎么蹭热点，怎么设计策划，怎么准备内容等。

3. 混圈子

每个技能领域都会有一些圈子社群，如插花、烘焙、摄影、PPT、跑步等都会有圈子，类似早期的 BBS 论坛、微信群、俱乐部、联谊会等平台。圈子里面既有和你一样刚入门的初学者，一切都新鲜好奇；也有学在半路的过来人，及时和你分享学习历程，以及陪伴打气，还会有大咖大神级的存在，他们的一个眼神、一句话、一个动作都足以点醒你，给你很大帮助。

一位新晋财务主管的生涯咨询师，针对她提出的很多不懂的问题没人问，一些没有做过的事情没有参考案例，笔者建议她尽快加入一些财务管理人员的群体，基本可以解决上述问题，后来的反馈证明这一招确实很好用。

4. 分享输出

一次培训课上，老师非常坦诚地讲，指望2～3天时间学会一样技能是不现实的，即使学习能力再强也做不到。

老师研究多年的东西，总结归纳出来的体系，包装修正过的话术，如果被你三天就学会并掌握，岂不是天方夜谭！刻意练习并输出才是听课后正确的做法。需要课后去反刍，去消化，去练习，才能全面掌握知识，内化成能力。

学习一门知识或是一种技能通常有几个过程：

刚开始是兴奋期——学什么是什么。拼命吸收一切，觉得书上说的和老师讲的全部有用，也会展望自己学习后运用的场景。

兴奋期过后是漠然期——觉得不过如此。慢慢感觉自己学习的知识和技能也不过如此，不知道学到的东西能不能帮自己解决实际问题，开始质疑自己学习的必要性。很多人到了这个阶段，便偃旗息鼓默默放弃了。

漠然期之后进入迷茫期——不懂的越来越多。随着学习的深入，发现学得越多不懂的越多，各种概念、理念，各种工具模型，各种流派门道，自己仿佛陷入了专业知识的汪洋大海，不知道怎么靠岸了。这个阶段很容易"走火入魔"，去寻找捷径或者干脆放弃了。

坚持到最后，恭喜你终于到了收获期——学以致用，如鱼得水。经过了前面三关抵达这里的人只是极少部分，淘汰了很多人，也突出了强大的自己。掌握了知识系统，提高了认知体系，也提升了自己的能力，到了能够分享输出的时候。

用输出倒逼输入，分享是最好的学习。分享的方式有很多，一对一练习，写一篇文章，做一场沙龙，做个主题发言，或者给别人来个主题培训等，都是非常好的方式。刚开始多争取免费的机会，甚至倒过来请人喝饮料吃点心，这个时候的分享不是为了挣钱，甚至不是为了受众，而是为了磨炼你自己。

我们企业有同读一本书的习惯，第一个月打卡共读，第二个月为实践分享，采取自愿报名结合抢红包大小的形式来确定分享人，很多小伙伴刚开始都很害怕这个环节，笔者鼓励大家主动报名分享，并且告诉他们，你不是为别人分享，而是为你自己分享。经过一年的训练，大家的逻辑思维、分析总结、案例萃取、公众演讲等方面的能力都得到了实质性的提升。

大家一定要明白，学习的过程是痛苦的。如果只是想着一边喝咖啡一边听课，一边哼着音乐一边翻书，就能轻松学会一门知识，掌握一门技能，那是痴人梦想。

学习是一个反人性的过程，需要自我突破，需要自律坚持，需要持续改变。只有坚持到最后，才是真正的知识和技能学习者和驾驭者。

职业能力+投资组合

本章第一节我们讲述了职业能力，也知道了职业能力需要不断提高，才能形成自己在职场中拿得出手的硬通货。提高能力就相当于为能力进行投资，那么首先要了解自己的能力区间。哪部分是自己的优势能力区，哪部分是自己的潜在能力区，哪部分是自己的退路区，哪部分是自己的能力盲区。下面通过象限形式表示能力区间（见图4-1）。

优势区是既喜欢又具备高水平的职业能力，潜能区是喜欢但目前还处于低职业能力阶段，退路区是不喜欢但已经具备了高水平的职业能力，盲区是既不喜欢又处于低职业能力阶段。

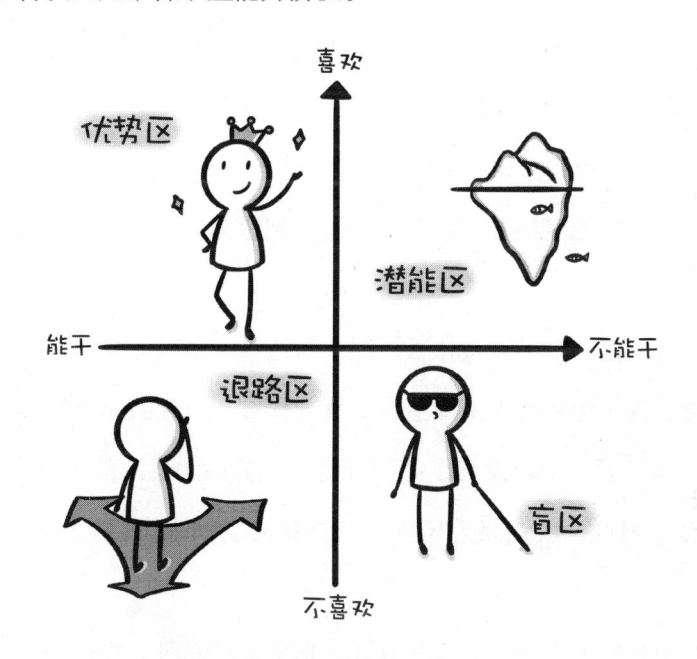

图4-1 能力管理四象限

退路区，是你以前经常用，用得很熟练，但是自己其实并不喜欢做的事情或用到的能力，现在岗位要求已经不再需要用到，或者生活已经不要你去做，所以自己不再愿意使用，但是如果出于紧急需要，或者变故需要打回原形，自己依然可以做得很好的事情。比如一个培训师，早期需要自己做课件PPT，自己并不喜欢，但还得耐着性子做；后来有了助理，自己草拟内容，然后交给助理去做PPT；有一天助理辞职了，或者你雇不起助理了，还需要自己做课件，依然可以做得很好。对于退路区储藏的能力，要像对待家里暂时不用的物品或不吃的粮食一样，时不时翻出来晒一晒，清点一下，以备不时之需。通过相关调查结果可知，大部分职场人都处于退路区，做着不喜欢但驾轻就熟的工作。但几乎所有人都梦想自己有一天能够从事喜欢的领域，并取得成功。恐怕没有人会想要开发既不喜欢又不具备能力的盲区。因此，我们投资职业能力的方向应该瞄准潜能区。为什么不瞄准优势区呢？如果你已经在喜欢的领域有了高能力，还会停留在退路区吗？肯定早就飞去和心仪的职业汇合了！

投资潜能区需要两大前提：一是找到喜欢的方向，二是愿意为之付出。

有人会觉得，自己喜欢什么还能不知道吗？还用得着刻意寻找吗？但笔者要说，现实中真有人不知道自己喜欢什么。或者因为他与喜欢的事物已经擦肩而过了，如今没有了那种感觉；或者因为喜欢的事物太多太杂，已经没有了重点；或者因为还从未与喜欢的事物碰面，至今没有触动小宇宙。

但这不是你不去寻找兴趣的借口，想要选对方向，就必须去寻找努力的突破口——兴趣。

与兴趣走散了，就去把它找回来；兴趣太多了，就做出取舍；兴趣还未到，就去积极寻找。总之，若想努力生效，就必须知道自己喜欢什么。

找到了兴趣点后，不要盲目投资，而要冷静思考一下，这是不是最佳兴趣点。就像某些颜控男孩子，喜欢漂亮女孩，见到漂亮的就喜欢，问他到底喜欢谁，他也答不出来。

只有切切实实地肯定,当下的兴趣点确实是最佳,才可以去投资。将自己的金钱、时间、人际关系等所有内在与外在的资源都投入其中,以求能尽快让自己的潜在区升值。当然,这不是一个容易的过程,其间会遭遇各种各样的困难,但只有坚持下去,职业生涯才会迎来曙光。

把自己变成U盘式人才

在U盘未出现之前,电脑的移动存储设备是CD盘,CD盘之前是软盘。电脑用户想要将自己的资料搬运给自己,或者将别人的资料搬运给自己,在网络不发达的时代,移动存储设备就显得十分重要。虽然提升了一定的方便性,但软盘和CD盘的缺点也相当明显。软盘存储容量少,不便于携带,也不便于读取,响应速度缓慢,而且经常因为损坏而无法读写。CD盘的存储容量虽然提高了,但携带仍然不够便利,出现坏道卡盘的情况较为常见。直到U盘的出现,这些问题逐渐退出了历史舞台。U盘体积小,读写方便,插入USB口即可,容量从一开始的8M、16M存储容量快速发展为128M、256M、1G、4G,如今已达到TB级别。U盘不仅体积小巧,而且颜值越来越高,随身携带很便捷,存储速度如闪电。

U盘一经问世,便立即风靡,很快取代了CD盘的地位,并且一直稳固。因为U盘可以即插即用,读写方便。

从央视离开的罗振宇,在他的自媒体节目《罗辑思维》里提到了一个词:U盘化生存。意思是说,未来的职场人士要像U盘一样,自带信息、不装系统、随时插拔、兼容并蓄、自由协作。

进行 U 盘化生存，就要将自己变成 U 盘式人才，不断扩增自己的容量，不断存入关键性知识，提高提取知识信息的速度，与更多的企业实现信息、技能的兼容，与更多人才形成广泛协作的体系。

提到 U 盘式人才，笔者不禁想到乐高式能力。"上帝创造整个世界只用了 170 余种元素，而乐高有接近 7000 种常见模块，这是其他玩具所完成不了的事情。"我们可以不断重组乐高。不同场合、不同年龄、不同想象力，都能拼出千百种样子。

职场能力由知识、技能、才干三部分组成。每个人的能力中间都隐藏着可以被回收再造和迁移的技能。这些技能我们称为"可迁移能力"。

能力可以组合，就可以分拆。分拆出来的知识、技能、才干可以迁移到新的领域继续修炼，所以你并不需要重新开始。这种能力系统也叫作"乐高式能力结构"。

每完成一件事，都是"知识+技能+才干"三者搭配运用的成果。例如，为了讲课需要，我们做一个 PPT 课件，需要调动的能力包括：生涯规划知识+语言组织能力+通俗易懂的呈现方式。

拥有乐高式能力结构，如同拥有了一套能力组合，可随时对自我能力进行重新整合。乐高能力达人们知道自己拥有的能力资源在进行拆卸后可以组合出新的能力优势，服务于内心的期望与天赋。他们能在不同任务里面为自己拼装出不同的能力组合，在不同的任务角色里边为自己组合出不同的能力架构。因为不断学习，持续进步，能力模块还在持续出新，保证乐高能力达人的能力组合永远是最新版的。

可迁移的能力则认为正负两个技能输入一致，输出一致，称为正迁移；两个技能输入一致，但输出不同甚至相反，称为负迁移。

比如，Elsa 过去做英语教学，现在做生涯培训，她运用过去的课程设计思路和方法设计出一堂培训课并取得成功，就是正迁移。

再如，小和尚为了学剃头，先拿个冬瓜练习，每次屏息小心翼翼剃完冬瓜上的绒毛后，都会高兴地长呼一口气，然后把刀插在冬瓜上。结果他正式剃头时，手法很不错，但最后还是习惯性地一刀扎下去……这样的输入与输出不一致的情况，就是负迁移。

有一点需要解释，不是所有正迁移都能得到期望的结果，也不是所有负迁移都得不到期望的结果，关键看如何运用。如果能够做到举一反三，创新求变，很多负迁移带来的效果更加明显。那么，如何顺利地进行正迁移和负迁移呢？

（1）能力具备了才能迁移。只有扎实的技能才有可能迁移。所以，无论是正迁移还是负迁移，首先具备能力，然后进行迁移。

（2）找到新旧能力之间的关系和类比。要清楚哪些能力需要迁移，哪些能力不能迁移。接触陌生目标的时候，先不要着急行动，而是清晰思考这件事的目标和结果。

（3）尽量避免同一时间学习太多技能。假如同时练习太多相近的技能，就可能互相产生负迁移，最后什么都没学会。

最后，愿每一位职场人都能成为 U 盘式人才，都能拥有乐高式能力结构，成为真正的职场高手！

记得英国作家奥斯卡·王尔德曾说过："太多人活得不像自己，思想是别人的意见，生活是别人的模仿，情感是别人的描述。"希望你可以看透自己，活成自己想要的样子！

第二篇
看懂职场：在职业里找到评价标准

第五章　与职业发展密切相关的外部因素

在职业选择上，有"一步对未必步步对，但一步错几乎步步错"的谏言。决定职业选择正确与否的不只是职业的内在因素——价值观、能力值、努力程度等，还有影响性不容小觑的外部因素——所在行业、所在企业、所在区域。

职业选择依据行业→企业→区域的曲线。行业决定了一个人最终的发展高度，企业决定了一个人的发展前景，区域决定了一个人的发展速度。只有在三者都做出正确选择的时候，一个人的职业生涯才能有快步发展的机会，若再加上自身努力，并与价值观完全契合，职业发展将呈几何式爆升。

抛弃你的不是企业，可能是行业

有人在中年危机到来之前，先遭遇了失业。这个年龄段的失业通常是被动的，是被企业以非常愧疚的言语解聘的。然后呢？当然是对企业的种种不满，认为自己将最好的时光奉献给了企业，企业却冷冰冰地将自己抛弃了。

产生这样的抱怨可以理解，毕竟生存不易，谁都不愿意面对动荡。但在懊丧之余，也该冷静地想一想，企业那么多员工，为什么你是被裁的对象，有人却安然无恙？

被裁说明企业不再需要你了。问题出在哪里？为什么不被需要了？

对于普通员工或基层管理者来说，可替代性是很高的，但企业不会单纯地为了换血而换人。辞退某些人和招录某些人，都是基于某种目的的。主要原因是，企业要跟随行业的发展而做出改变，若有员工已经不适应行业发展，不能在本职工作中对企业形成推力，自然会被裁掉。

因此，真正抛弃你的是行业，企业只是操刀者而已。那么，第二个问题出现了，为什么行业会抛弃你？是行业跑得太快，还是你跑得太慢？

其实，两者都有。在科技创新日新月异的今天，行业发展也越发快速，今年还生机勃勃的行业，明年就可能消失不见了。处在各类行业中的企业就像围绕恒星运转的行星，在恒星的带领下驰骋在宇宙中，如今恒星运动加快了，行星也要加把劲，不然就会被抛出来，成为无处可依的流浪星球。

那么，是什么动力推动企业加快发展跟上行业的脚步呢？就是企业员工的能力。大家各司其职，联合行动，成为助推企业的强大力量。如果其中哪个环节不给力，形成的力就会减弱，企业就有可能跟不上行业发展的速度。

在与行业形成同速双轨运行模式后，企业才能从容地跟上行业的变化展开自身的变化（见图5-1）。一个行业良性运转的企业越多，行业整体的向上力就越大。

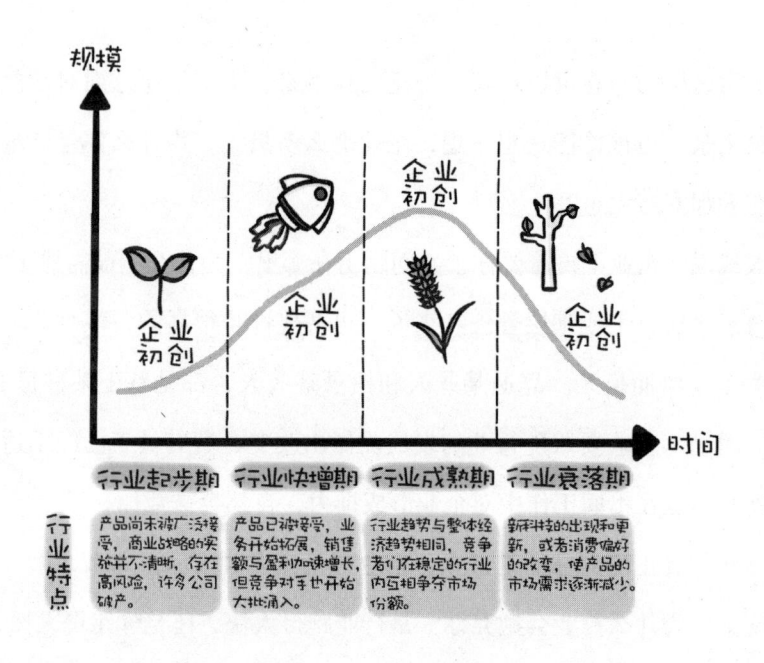

图5-1 行业生命周期

图中标注:
- 纵轴：规模；横轴：时间
- 四个阶段：行业起步期、行业快增期、行业成熟期、行业衰落期
- 行业特点：
  - 行业起步期：产品尚未被广泛接受，商业战略的实施并不清晰，存在高风险，许多公司破产。
  - 行业快增期：产品已被接受，业务开始拓展，销售额与盈利加速增长，但竞争对手也开始大批涌入。
  - 行业成熟期：行业趋势与整体经济趋势相同，竞争者们在稳定的行业内互相争夺市场份额。
  - 行业衰落期：新产品的出现和更新，或者消费偏好的改变，使产品的市场需求逐渐减少。

任何行业都必然要经历图5-1所示的四个时期，区别在于中间的时间跨度不同。有些行业历经千年依然活在成熟期，例如与人们生活息息相关的饮食、理发、文具、服饰等。漫长的时间跨度内，产品的外观和内核换了一批又一批，产品的销售方式换了一代又一代，但行业依然兴盛。有些行业虽然历经千年风霜，但最终被碾压在大时代的车轮下，例如小时候还能见到的补锅锔盆、卖凉开水、缝补衣服、做油纸伞、铅字排版。其中一些已经熬成了非物质文化遗产，说明真的快绝迹了。有些行业从出现到退出历史舞台只有短短的百余年，甚至只有十几年，如维修钢笔、底片冲洗、电话接线员、寻呼台声讯员、电报收发员等。其中一些都是风光一时的职业，转眼间就从被人羡慕到被人遗忘。

回看世界四百年工业史，回看中国改革开放四十多年，最大的感受之一就是行业变迁。个人在时代的大潮中犹如一叶扁舟，摇摇晃晃随着时代起起伏伏。为了能长久立于时代的潮头，必须及时更新自身硬实力，做到"敌未动，而我先动"。不愿主动变化，一定会被时代抛弃，成为一枚弃子。曾经，拥有一台柯达相机是很多人的梦想，但如庞然大物的企业就因为没有主动求变，在数字时代到来后迅速被淘汰，没撑多久便宣告命终。

即将步入职场或正在职场中拼杀或曾在职场中留下各样回忆的人们，谨记一点：这个时代没有绝对的热门行业。如果仍期望通过掌握一项热门技术就能一辈子吃舒心饭，只能说你还没有和时代接轨，你还不了解时代的残酷。当有一天你突然发现曾经的热门已经变成冷门，说明时代早已抛下你，没有跟你打声招呼。

这是最好的时代，因为机会无处不在，关键看你能否看到，能否抓住；这是最坏的时代，机会总是来得快，去得也快。

不做大企业的长明灯，不做小企业的垫脚石

大企业和小企业不仅经营规模不同，员工数量不同，管理层级不同，在很多理念和实际操作方式上都有很大不同。大企业和小企业都有各自的优缺点。进行职业规划不能只看优点而忽视缺点，也不能只看缺点而忽视优点。生涯规划除了对行业要有明确的认知，对选择大企业和小企业也要与自己的价值观契合。当然，大企业不是想进去就能进去的，如果你有进入大企业的打算，但当下能力还有所欠缺，可以有针对性地补强，先退而求其次选择怎样的过渡企业，都应认真思考。

一般情况下，人们更喜欢大企业，这就需要自己具备更加过硬的职业能力，来迎接大企业对你的考核。而且必须知道，这种考核是全方位的，个人的综合能力将在大企业里得到完全展示。但大企业磨炼出的人才不同于小企业的复合型，而是全方位的，除了应该具备的职业能力，还有其他隐形的能力，如广泛社交能力、人性洞察能力、全面思维能力，还有越发强大的气场，越加自信的气质等，这些都将是未来发展的宝贵财富。

如果想要进入潜力型小企业，也要做好心理准备，毕竟小企业是不稳定的，具备多方面的抗压能力是第一位的，不仅要顶住来自工作的压力，也要顶住来自经济的压力，更要顶住企业生存的压力。小企业的员工个人能力都很全面，因此成长速度很快。但不要认为在小企业练就本领后再去大企业会更容易，其实对于大企业的用人者来说，应聘对象在小企业的经历通常不在他们的考虑范围内，因为大企业和小企业培养的是不同的思维能力和工作模式，除非在小企业干得非常出色，才可能被挖墙脚。

为什么如此强调大企业和小企业的优劣对比呢？除了提醒大家做好权衡，对自己的选择负责，更重要的是，笔者不希望优秀的人才在大企业熬成了长明灯，在小企业变成垫脚石。

笔者见过不少本来很优秀的人，但他们自己没有意识到，甘愿留在企业里燃尽自己，成全别人。

大企业是"熬"人的地方，进去后如果没有设定个人目标，并为之不断努力，就会被模式化，成为照亮大企业光辉殿堂上的N盏长明灯之一，直到再也不能发光发亮为止。

小企业是"吃"人的地方，虽然进入小企业有被重用和跟着做大的机会，但也有被老板踩在脚下成为垫脚石的概率，而且后者概率还要大一些，毕竟人都希望自己能得到更多一点。不要指望老板的格局有多大，绝大多数创业者最终能坚持在中小微企业经营者的岗位上就是不错的结果，就是因为他们格局不够，撑不起更宏伟的理想。与虎谋皮，是不是应该时刻防备着老虎呢？

如果你有在职场上发展的愿望，应该优先选择大企业，虽然短时间内不容易出头，但长期来说，只要能力达标，还是会被发现的。

亚马逊中国区副总裁张思宏的第一份工作是在麦当劳做见习生，从学习收银、薯条制作开始，后担任餐厅经理及市场部督导，积累了丰富的跨国企业实际管理工作经验。后跳槽到可口可乐企业，负责客户体验管理工作。之后又到戴尔（中国）企业，担任客户服务部总监，负责戴尔企业在大中华区、日本及韩国市场的非技术性售后服务呼叫中心及客户体验提升项目。2012年4月加入亚马逊，担任亚马逊（中国）副总裁，负责亚太区用户体验的提升，并担任企业"用户体验官"一职。后来又进入乐视，5个多月后离职重新回到亚马逊。

回看张思宏的职业经历，第一份工作就在大企业，虽然起点很低，没有什么专业性可言，但他从大企业起步，又一直在大企业发展，这种连贯性助力他逐步发展到顶级企业的高层管理职位。他打工的职业履历一直很光鲜、耀眼。

如果你在某小企业发现了有前途的、技术含量高的技术，且正好符合你未来的发展方向，去小企业同样是明智的。或者你从一开始就有创业的期望，只是还需积累经验，也可以去创业小企业先行积累。

"微信之父"张小龙大学毕业前和同学一起到广州找工作，遇到了两个工作机会：一个是移动通信局，一个是目标思维软件企业。他的同学选择了前者，而他选择了后者———一家很不起眼的小企业。因为这家小企业要进行面向对象的数据库系统的研究开发，这在当时很热门，与张小龙所想的正好合拍。

张小龙的大学同学说："小龙在这个企业作了许多高水平的研究。"目标思维企业解散后，张小龙凭借炉火纯青的软件开发技术加盟了一家比目标思维稍大些的电脑企业，企业为他提供了很宽松的工作环境。正是在这段时期，张小龙开发出了著名的邮件客户端软件——Foxmail。后来，Foxmail被博大企业以1200万元收购，张小龙也顺势进入博大。2005年，腾讯收购Foxmail软件和有关知识产权，张小龙及其研发团队20余人也全部并入腾讯。

通过张小龙的职业经历可以发现，他对自己的职业生涯有很清晰的规划，第一步就是要找一家开发最先进软件的企业磨炼自己，然后藏在另一家企业的树荫下研发自己的产品，成功之后就可以携产品加盟大企业了。

张思宏和张小龙，无论身在大企业还是小企业，他们都始终朝着自己最初设定的方向前进，不曾有丝毫懈怠。一个让大企业成为照亮自己的长明灯，一个让小企业成为自己进阶的垫脚石。

大城市的床和小城市的房

选择大城市的一张床，还是小城市的一套房？

仔细想想，没有什么标准的答案，毕竟每个人的年龄、阅历、性格、梦想都不尽相同，想法自然不能一概而论。

大城市的床和小城市的房，看似一个简单的选择，其实是生活方式和生活态度的选择。房子是每个人都绕不过去的一道坎，房子在很大程度上是人们为之奋斗的标靶。大城市进城容易，买房却难。小城市买房容易，却很可能要丢弃梦想。如今越来越多的人在思考两个问题：在大城市奋斗几年之后能否买得起房？在小城市安稳几年后能否重拾理想？前者为"否"，会陷入留下了青春却容不下未来的窘境；后者为"否"，会面临容得下现在却找不回青春的苦涩。

其实大城市的床和小城市的房，浓缩起来，就是五种对立冲突：

大城市的彷徨 / 小城市的忧伤。

全世界的人涌入大城市的理由只有一个：实现理想。终究能否实现，很多时候不是个人所能左右的。但不可否认，大城市有更多的机会可觅。但在奋斗的过程中，前途迷茫的彷徨总是多过努力奋斗的激情。能够实现理想的人少之又少，绝大多数人只是在给城市的发展添砖加瓦，成为大城市的过客。

留在小城市就极少有彷徨的时候，因为生活节奏慢，相对悠闲了很多，人们因此有了更多审视自己的时间。但审视得多了，悠闲就会被忧伤取代，因为悠闲的代价是无所作为，无为又增加了忧伤。

大城市的漂泊 / 小城市的归属。

土生土长是中国人对乡土的眷恋，居住在大城市，即便有了自己的房子，也有种漂泊感。小小的房子只能承载生活，却承载不了情感。如果仍然只蜗居于一张床，身在大城市的优越感会完全输给一张床的孤独冷漠。

在小城市，即便非土生土长，但城市的闲逸会增加你对家的感悟，你愿意在这座城市落地生根，这种心安就是归属感。

大城市的竞争 / 小城市的稳定。

如果一座小城有 1000 种职业，那么大城市可能有 10 万种职业，但大城市也有 N 倍于小城市的人口。好的工作需要面临更多的竞争对手，击败他们才能得到。想要在大城市生存，必须具备不被替代的能力。

留在小城市就是求稳定，每天醒来的第一件事不用想着奋斗，不用考虑怎样赢得竞争，不用埋首书海拼命充电。假日里，陪同家人远游近观；傍晚间，走在林荫小路悠然闲逛。稳定让人着迷，也让人被稳定所吸引。

大城市的机会 / 小城市的情感。

大城市最吸引人的是机会，只要自己足够努力，就可能抓住一个，人生得以逆袭。但一个人面对无情的世界是何种苦楚，是无法与人言说的。

小城市能留住人的是情感，放弃理想又何妨？有情感的生活太让人不舍，可以与自己最亲的人生活在一起，慢慢了解人生，活出真我。

无论在大城市蜗居，还是在小城市买房，选对了是人生，选错了也是人生。其实本没有对错，人的一生最大的幸运莫过于可以面对未知的未来。

在大城市的你，在小城市的他，只要我们认可这座城市，并认为它可以接纳我们的理想，就让我们走上前为自己的人生书写答案。

第六章　一样的职位，不一样的职责

职位是一个人在企业或社会的角色名称。通常职位不同，职责就不同。但也有职位一样，职责不同的情况。

究竟该如何认知职位、职责、职权的关系呢？我们身处的职位与最高决策层间距离的关系是怎样的呢？职位、权力与利益的分配怎样才是合理的？组织的价值链中，你处于怎样的位置，当下的位置又对你有怎样的影响呢？

职位、职权、职责的相互关系

在讲述这三者之间的关系前，给大家看一个案例。

小梁是刚升为销售部门经理，对整个部门的业绩负责。企业有一个规定，新上任的领导需要尽快向大家讲述接下来的规划布局。小梁作为一个社交能力比文书写作更突出的销售人员，他提出聘请相关的助手去帮助自己处理文书类的事务，而自己则负责带领团队完成企业交给的业绩任务，同时还要跟上司谈妥团队的利益分成。

对于这样的案例，各位读者能否从中指出对应的职位、职权、职责是什么呢？

职位，是机关或团体中执行一定任务的位置，即在一个特定的组织中、一个特定的时间内、由一个或多个特定的人所担负的一个或多个任务。具体到企业，是指每名员工应有其特定的职位，每名员工都需要完成自己分内的一个或一组任务。

职权，广义指职位范围以内的权力，狭义指管理职位所固有的发布命令和希望命令得到执行的权力。职权被视为将组织紧密结合起来的黏合剂。职权可以向下授权，授予下属一定的权力，同时规定下属在限定的范围内行使权力。

职责，是职位上必须承担的工作范围、工作任务和工作责任，即企业员工在自己的职位上应尽的责任。

职位、职权、职责是管理者从事管理活动的基本条件。可以概括为以下三个特点：

（1）职位是职权和职责的集合体。职位无论高低，都具有相应的职权和职责。没有一定职位的人就不能称其为管理者，也不能行使管理职权，也不负管理职责。职位的高低直接决定了管理者所掌握的职权范围、工作监管及所负责任的大小。

（2）职权派生于职位，为履行职责而受法律保护的权力。为使管理者履行职责，必须依法赋予其相应职位的权力，同时赋予管理者相应的支配力量，否则管理活动将无从展开。

（3）职责是管理者担任某种职务所应承担的具体责任和法律上应负的责任。管理者的职责是其履行职务过程中应尽的义务，它随着职务的确定和职权的授予而产生。

对于职位、职权、职责三者之间的关联，因为职位是明显可见的，接下来我们结合上述案例来分析"职权和职责的区别"。

首先，职权和职责的定义不同。职责是工作应承担的责任；职权是所在职位上拥有的权力。每一个管理职位都具有某种特定的、内在的权力，任职者可以从该职位的等级或头衔中获得这种权力。案例中小梁需要公布部门的规划方案就是他所在职位的职责，而将做方案的任务下放给助手完成，则是职权的体现。

其次，职权和职责的侧重不同。①职权在于权，倾向于权力。职权与组织内的职位相关，是一种职位的权力，与担任该职位的个人特性无关。②职责在于责，倾向于责任。属于工作类的不得不做的事情，类似于使命。对于小梁来说，规划方案是职责，必须要做的。而如何完成，则没有硬性规定，所以他发挥了自身的职权去让下属配合完成。

再次，职权和职责的法律责任不同。职权是法律赋予特定身份的人的特定权力；职责是因特定的身份依法应当履行的责任义务。

最后，职权和职责的实现方式不同。职权的发挥不但看管理者是否有实际权力，还要看下属的接受程度。职责是职位上必须承担的工作范围、工作任务和工作责任。案例中，如果小梁的方案被告知必须亲自完成，或者他的下属不具备完成此项任务的能力，职权就无法被实现。

总之，职权是尽到职责的手段，职责是职权的本质内容。职权和职责表现为权利与义务的统一。

任何管理者都是一定的职位、职权、职责与利益的统一体，四者之间相互联系，互相制约，不可偏废。四者中缺少任何一个，都将妨碍管理者领导作用的发挥。

被玩坏的职位名称

也许我们无法一网打尽所有虚假高大上的职位，毕竟偷换概念是很容易的事情，但我们可以列出一些有代表性的供大家参考。

1. 储备干部职位

一些企业在招聘职位上写着"储备干部"，甚至对学历没有过高的要求。很多人第一眼看到这几个字的时候，第一个想法是"企业重点培养的对象""未来在企业内必能有所作为"。如果你以为很快就平步青云，当上富一代，从此走向人生巅峰，那就错了。

当你进入企业后便会发现，所谓的"储备干部"就是企业找的借口，让你从基层做起，还美其名曰"优秀的干部都应从基层做起"。当你抱着仅存的一丝幻想，真的从基层做起时，你才真正明白，原来企业招的就是基层员工。

2. 行政管理职位

当你看到一家公司招聘"行政管理"，你认为这是一个管理岗位，还是一个肥差？

如果你这样想，必定吃亏上当。很多时候，这只是一个空名堂职位，没有具体岗位和具体职务，不但管理不了别人，还会被一大堆人来管。说白了，你就是企业打杂的，估计下午三点饮茶就是你发挥所长的时候。

3. ×××助理职位

总有一些较大的企业招聘×××助理，比如总裁助理、总经理助理、董事长助理等。绝对的高大上，一下子就成了企业高层管理者身边的红人，是不是很有吸引力？

当你通过层层考核，杀出一条血路，终于来到某高层管理者身边时，等待你的不是高端的辅助工作，而是低端的仆役工作，跟想象中完全不同。其实，你只要冷静下来想一想，企业高管的助理职位，会从外面招一个新人来当吗？肯定是在企业内部选拔上来的、值得信任的人才会担当此职。

4. 销售经理职位

企业离不开销售人员，一个普通销售员和一个销售经理都和你洽谈同一项目，你会更愿意和谁合作？恐怕销售经理能拿到订单的机会大一些。因为很多人都觉得一个在企业内有职务的人，不仅能力强，还是长期员工。

正是基于对信任的追求，越来越多的销售人员的名片上都写着"销售经理"，但这样的经理多数情况下只领导自己，因为企业的销售人员都是经理。这样的剧本往往是企业写就的，只是为了增强对外的影响力。其实，一个企业怎么会有那么多的领导岗位呢？

因此，当你应聘销售员，而被招聘销售经理的企业录用时，尝试把销售经理当成你晋升等级里的第一层职位，切忌沉浸在所谓的经理头衔中，学到东西赚到钱才是真本事！

5. 与所应聘职务不对位的职位

这是一种比较复杂的情况，就是进入新企业后，为你提供的职位与你应聘的职位并不符合。比如，某图书企业招聘销售人员，在入职后，该销售人员却被安上"主编"的帽子。你或许会感到奇怪，主编应该是执笔校对的，为什么要给销售人员这样的名号呢？

如果这个人是你，那么你不要沾沾自喜，这只是企业吸引客户的方式，看我们主编亲自出马与你谈生意，我们企业足够重视你吧！

这样的企业通常不愿脚踏实地地做事，而是喜欢投机取巧，通过一些手段网罗客户。虽然短期内对员工不会有什么影响，但长期而言，对员工的职业发展是不利的。

总之，无论如何，第一份工作一定要找好！也许你做不到退休，但这是你职业道路上重要的一步。一定要擦亮眼睛，多留一个心眼，别让企业那些花花绿绿的职位装饰给蒙蔽了。

你与最高决策人的职级距离

职位名称可以花样百出，但决定职位价值的还是职权和职责，而影响职权和职责的就是你与最高决策人的职级距离。比如，如果你直接向老板汇报人力资源工作，哪怕你的职位是人力资源专员，你也相当于公司的人力资源负责人；如果你汇报工作还要通过上面的副总裁才到总裁，哪怕你的职位是人力资源总监/总经理，你也只是公司人力资源的中层干部。

你与企业最高决策人的职级距离有多少？要从两个方面来看，一方面是现实存在的距离，即你在哪个层级，与最高决策人的职级差；另一方面是虚拟的人际距离，即通过人际网络可跨越职级差距与最高决策人建立的弱联系。

每个企业都会设定自己的职位等级。小微企业通常只设老板一个管理层级，下面就是具体执行的员工。或者在老板和员工中间设定一个管理层级，帮助老板分类管理日常业务。中型企业的层级还会再增加总监一级，协助老板统筹管理各项事务。

职位级别直接限制了一个人在企业内部的话语权和影响范围，但职级是个人通过实力得到的。想要获得更高级别的职位，个人必须持续不断地努力。

身在基层可以心怀高远，但仍要立足于当下，将本职工作做好。很多大企业的高层管理者都是从基层做起，通过不断提高能力获得认可，一步步向上攀登。

这种依照企业职级设定，了解自己与最高决策人职级差距的状况，是非常现实的。其实还有一种有些脱离现实的状况，就是通过一些人际交往，使自己提前被纳入最高决策人的搜寻雷达中。

西方有句谚语："每个人和总统只有六个人的距离。"这就是所谓的"六度空间理论"。你和任何一个陌生人之间所间隔的人不会超过六个，也就是说，最多通过六个人你就能够认识任何一个陌生人。这就是六度空间理论，也叫小世界理论。

具体中间有几个人的距离，是无法测量的。但这句话告诉我们：你认识一些人，而这些人会有他们认识的另外一些人，这另外的一些人又有着他们的人际关系……这种人际关系的连锁扩张会一直延续下去，总有一个人会认识总统。

或许你会觉得,我通过六个人认识了某位大人物又如何?关系这么疏远,也很难开口让人帮自己办事吧。那你就错了,很多时候,你之所以不满意自己的现状,就是因为你没有挖掘自己的人际潜力,每个人的潜在关系网都比现实中的关系要广得多,有用得多。

在职场上,想要得到提拔与重用,其实非常简单。我们先来看看电视剧《琅琊榜》中的一个桥段。刑部尚书齐敏因为徇私舞弊被革职查办,谁来接任成为朝堂风口。太子和誉王都极力推荐自己的人,皇帝一时难以决断,也不想再用他们推荐的人。这时皇帝突然想起之前审理的一个案子,一名叫蔡荃的刑部官员挺得力,再加上靖王有意或无意的"提醒",于是下旨擢升刑部主司蔡荃为刑部尚书。

其实,蔡荃是梅长苏早就为靖王物色好的人才,他在创造机会让蔡荃脱颖而出,但蔡荃并不知情,在做好分内事的前提下,在外围有人脉协助的背景下,他得以凸显。虽然蔡荃的人脉是在不知不觉中积累的,但不得不说,有了一些能和最高决策者直接对话的人推自己一把,上位就是顺理成章的事情。

朝堂之上和企业之内颇为相似。在职场中,如果能够先期建立一些通向高处的人际网络,你被高层发现和重用的机会将会大大增加,甚至会让最高决策人发现你这块璞玉。

大家要明白,在职场上和领导搞好关系,并不是丢人的事情。位置有限,人多粥少,想入领导的法眼,不妨尝试通过人际网络去找到合适的领导,并巧妙自然地引起领导的注意,这对普通打工人来说是很有用的。

你所在组织价值链的位置

企业是一个不大不小的价值集成体，由各条分支价值链汇聚成总价值链。每名身处企业内部的员工都是这条总价值链上的一环，付出自己的价值，提升自己的价值。

价值链是垂直的，有的人在价值链上端，有的人在价值链中端，有的人在价值链底端。上端的人具有高价值能力，中端和底端的人在价值链上显然不及高处的人。

价值链上有阶梯，中端和底端的人可以凭借自己的努力一步步爬上价值链的上端，而上端的人也会因为价值输出的贬值而下落至价值链的中端或底端，甚至被直接清除出链。

现在看一看，你所在组织价值链是什么位置呢？上端？中端？底端？你是安稳于现有价值链的位置，还是想继续提高呢？

其实，无论处在价值链的什么位置，对企业都是有价值的，是企业愿意提供报酬留下的。因为对企业而言，支付给一名员工的薪资水平的核心重点不在于他的学历、经历、背景甚至职位，而在于他对于企业的价值。

给大家讲一个小故事，就会知道"价值"的重要性。

小张在他的企业已经待了8年了，眼看身边的同事升职的升职，加薪的加薪，自己的薪酬差不多和一个刚来的实习生持平。愤愤不平的他找领导谈话，要求晋升与加薪。然而换来的却是领导的叹息。领导认为他确实为企业付出了 8 年的时间，但是 8 年来他一直在用固有的技能去重复完成任务。说白了他不是累积了 8 年的工作经验，而是一个经验用了 8 年。

确实，作为员工千万不要以为自己贡献给企业的是时间、体力、经验，最重要的还是价值，这对自身发展与企业发展来说都非常重要。

那么，个人如何衡量自身对企业的价值呢？我们可以从是否可替代、核心即战力和综合影响力三个方面来衡量。

1. 是否可替代

你是不可或缺的员工，还是可有可无的员工？你的到来，对企业有多大的影响？你辞职了，企业可以很轻易找到接替你位置的人吗？

价值的核心在于是否可替代，因此，不要成为可轻易被取代的人。

如果你是一名可被轻易替代的员工，对企业而言就是可有可无的，你来了和你走了都毫无波澜，随便找个人替代即可。

一个可以为企业创造更多价值的员工，自然可以获得更高的薪酬，就像一个行业价值链的上端，始终会获得更丰厚的回报一样。

2. 核心即战力

你的核心能力是什么？这个能力是否能成为你来之能战的即战力？你目前的职位是否能发挥能力的优势部分？核心能力就是别人不具备而你具备的能力；或者说别人也具备但你更卓越的能力。

想增大自己升职加薪的概率，你应不断提高自己的核心能力，确保自己在工作岗位上能发挥优势和独特能力，而不是做一个只发挥一般能力的普通输出者。同时，核心能力需要换代升级，不断地使用磨炼和维护升级。

3. 综合影响力

当你除去目前的岗位头衔后，还拥有什么样的影响力？现有的影响力是否可以支撑你寻找到更好的机会？

　　影响力给人的感觉是高端的、有气质的，只有高层人士才会拥有。的确，身份越高的人越具有影响力，但他们也都是从没有影响力起步的。影响力不是身居高位后随即产生的，而是在通往高层的路上逐渐汇聚的。当地位不高时，影响力会弱，但一定要让它存在，然后慢慢积累。

　　影响力的形成包含方方面面，是一项综合能力，专业能力只是基础，还有高效的沟通能力、资源培养能力、团队协作软能力、危机处理强能力等。

　　当你拥有了被挖角的价值时，说明你已经具备了对所在行业的影响力。此时无论是走是留，都可以掌握职场生涯的主动权。

　　很多打工人常常抱怨自己怀才不遇，为企业付出这么多也得不到相应的回报。但你口中所谓的付出对企业来说是否是有效的呢？其实这一切只是供应与需求的问题。所以，不要问你为企业做了多少，而要问你对企业的价值有多大。

第七章　成也上司，败也上司

现代人都知道平台的重要性，有一个好平台，再加上自己的勤奋努力，未来收益必定丰厚。但若是平台不够好呢？情况就会很糟糕，要么方向不对，要么努力白费。

平台是什么？是企业。这是正确的答案，但是没有考虑人为因素的答案。企业只是人类建设的非实体，使企业运转的是其中的人。作为普通员工和基层管理者，能够决定你在企业未来的不是高层管理者，而是你的直接上司。所谓成也上司，败也上司。不要让自己的未来败落上司手中，我们既要尊重上司，也要选择上司，更要与上司建立向上管理的关系。

通过面试，看透你未来的老板

HR朋友讲了一个故事，一个"95后"应聘者面试做完测评后，也从自己的书包里拿出一份测评表，让他也测测，看看他是否适合做自己未来的领导。

提到面试，很多人第一反应是，自己是被考核对象，想要考核通过，自己要做各种各样的准备。这样的想法并没有错，但却是片面的，是建立在固有认知基础上的，认为应聘就是将自己的信息和能力展示给用人单位，通过了就留下。

但正确的面试应是双方面的，不仅是招聘方考察应聘方，应聘方也要考察招聘方，只有在双方相互考察都通过的情况下，才算是正常的面试。

最常见的就是我们经历的大多数面试，不管是500强企业还是创业企业，是国企还是外企，面试到最后，面试官往往会问："你还有什么问题吗？"这就是招聘方给你的信号了。

很多人忽视了对招聘方的考察，有的招聘方还是自己未来入职后的顶头上司，也不做考察，糊里糊涂就入职了。以后的工作中一旦出现各种矛盾，内心不舒服，甚至误会，只能怪自己对招聘方考察不够。

小微企业通常由老板一人担任所有管理职务，招聘也是亲力亲为，应聘者将直接面对未来的老板，必须对"准老板"的言行加以分析，以对"准老板"的综合能力值进行总结。

大中型企业的面试也并不是全权由企业人力部门负责，而是由需要招人的部门负责人和人力资源的负责人共同负责。这就给我们提供了了解未来直接上司的机会，这是非常宝贵的非本职工作交流机会，更便于看透上司。

下面笔者对你未来可能会遇到的几类老板、上司做简单的分析，看看哪些老板或上司可以追随，哪些要远离。

（1）滔滔不绝型：你未来的老板或上司在面试应聘者时特别喜欢发表自己的看法，而且是长篇大论、无法自控。说明对方比较自负，对自己的能力非常满意。你要小心在入职之后将没有发表意见和建议的机会，因为你的老板或上司根本听不进去。

（2）居高临下型：你未来的老板或上司不怎么愿意说话，而是提出问题，等待你做出回答，即便你一时语塞，他们也不会给你台阶下。说明对方很有城府，并以管理者自居，主动拉开与员工或下属的距离。你必须做好在入职之后与这样的老板或上司不好相处的准备。

（3）过分和谐型：你未来的老板或上司对员工或下属很有亲和力，员工或下属对其也没有畏惧心理。这说明对方性格和蔼，会给团队营造和谐的氛围，但往往会因为不够严厉而影响工作进程。跟随这样的老板或上司你会感觉工作相对轻松，但成绩方面会不尽如人意。

（4）潜在PUA型：你未来的老板或上司对员工或下属批评不留情面，甚至会说些难听的话。说明对方性格急躁，对他人缺少尊敬。你需要担心在入职之后也成为他日常打击的对象，如果一个人经常被批评是会留下心理阴影的。

（5）目中无人型：你未来的老板或上司没有按约定时间与你见面，而且耽误了很长时间，如果经了解确实迫不得已，便不做讨论，如果仅是因为小事耽搁，说明对方对员工或下属的事情不太重视，不愿意投入时间。那么，你要做好将来入职后，你递交上去的资料或文件会被延迟处理的准备。

（6）软柿子型：你未来的老板或上司是老员工或者其他部门员工顺口拈来的调侃对象。这说明对方在企业不太受人尊敬，缺少威慑力，是好欺负的对象，整个企业或部门在行业内或企业内部的地位同样不会高。如果你进入这样的企业或部门，职场排位自然会低人一等，未来的竞争力都将受到影响。

（7）爱听马屁型：你未来的老板或上司被别人轻夸几句就有点飘飘然，开始随之夸夸其谈，或者一副欣然接受的状态。这说明对方层次不高，综合素养也不够。你需要深思，自己和别人相比能够做到拍得一手好马屁吗？

（8）唯我独尊型：你未来的老板或上司在处理一些问题时特别固执，没有丝毫回旋和妥协的余地。这说明对方刚愎自用，一副"我不要你觉得，我要我觉得"的霸道总裁嘴脸。如果你入职，你要在意见与老板或上司相左时，能选择妥协，或者在一些观点上主动配合。

（9）一毛不拔型：你未来的老板或上司一味地和你大谈未来，但对你的薪资待遇问题却总是避而不谈或者一带而过。这说明对方有"铁公鸡"的影子，未来因为薪资问题产生矛盾的概率会很大，但凡想赚钱的小伙伴都要敬而远之。

其实，在面试中还能发现很多不同类型的老板与上司，但无法一一列举，需要我们自己多进行分析判断。

老板也好，上司也罢，团结人不仅靠薪资和能力，也靠自身的人格魅力。在工作之外，看看他们对员工的态度，员工对他们的态度，观察细节，得出自己的判断。

但需谨记，这世上没有十全十美的老板或上司（哪怕有也要相信轮不到你拥有），所以，遇到一个你还能忍受的老板或上司，就别挑剔了，赶紧签合同！

如果是为人奇葩，缺点明显，稍微打听就能得到各种差评的老板，请各位及早抽身，避免陷进去。

老板不是老师,更不是父母

很多人入职秉持学习的态度,希望能力得到不断进步。这样的想法没错,但基于此的做法却多数是错的。

经常听到年轻的职场人说类似的话:"我从来遇不上一个能够教我东西的好上司,每次出错都对我生气,让我负责。都不教我,我怎么能会呢?让我自己学,也要给我时间吧!我想跳槽,但怕下一家企业也是这样。"

每次听到这样的话笔者都特别想回复一句:"别人凭什么要把自己多年的心得体会手把手传授给你呢?"

如果这样的回答让你感到非常不爽,请先别开喷,不妨心平气和地想一想:企业招人是要一起工作出成果的,又不是开培训班,难道付给员工工资,还要负责将员工都培养成才吗?事实上,那些真正成才的人,绝对不是依靠老板或上司传授技艺,而是通过自己在工作中逐渐积累和业务时间不断学习。

很多新进职场人一直停留在学生心态阶段:老师教给我,我就能学会,现在是老板教给我,我才能学会。在企业里表现为:开会不敢发言,干活等待指导,成长需要老板教。

但职场是非常现实的地方,不看过程,只问结果。况且,任何一个人在职场上都不足以成为老师。首先,职场的学问非常广,小到办公机器的使用，大到专业知识，甚至人际交往，每个人都有相对主观的处理方法，别人的方法不一定适合你。其次，每个人的能力和时间都是有限的，如果你单方面把别人当成你的老师，对方所承担的压力就会非常大。

因此，职场需要的是员工虚心学习的心态，与其等人教不如尝试以下三步法来实现自我蜕变。

第一步，听话听音、做事抓主旨。

能否准确领会工作意图是影响工作成效的一个重要因素。意图就是指导思想，是大方向，不能正确地领会工作意图，自然很难做好工作。

第二步，善于反思、每日自省。

吾日三省吾身，则智明而行无过也。工作也是如此。有些重复犯的过错是完全可以避免的，只要你能对每天完成的工作进行归纳总结，及时找出存在的问题和值得借鉴的经验，就能有效地指导自己的工作，而不至于一出问题就去询问别人来解决。

第三步，切忌目中无事、得过且过。

学习的核心只能是自己，并非只有领导交代的任务需要你去学习，职场里的方方面面都需要学习，而且在这个日新月异的科技时代，通过自学去完成其实并不难。

从打印机里，从电脑公共盘的所有文件夹里，足够多的资源免费提供给你学习。小到一个文件的字体、字号、行间距，大到一份方案和一份标书，都是职场庞杂知识体系的内容。

若能提前学习一些新事物，当重要的机会来临时自然可以把握住，只有愚蠢的人才会一边放弃自己手头的机会，一边抱怨企业不给他机会成长。

记住，老板不是老师，老板更不是父母。

很多时候我们加入一个新的企业，都会看到"欢迎加入我们这个大家庭"之类的欢迎口号。但实际上，笔者并不主张你真的把企业看作你的家，因为你的老板不可能是你的父母。

企业是一个以盈利为目的的经济组织，在职场中，我们作为员工存在的意义只有一个，那就是为企业带来利益，为企业赚更多的钱。很多企业想用情感来维系团队，但最后总是会与最初的想法背道而驰。领导想要更上一层楼，员工想要赚钱养家，真正让大家聚在一起的是利益，感情只是润滑剂，所谓的同舟共济也不过是利益维系着罢了。

但现实中就有人将老板当成了父母，总希望老板能满足自己的想法，或者对自己有无限的宽容。

某次参加同学会，和一位大学时比较要好的同学闲聊，当聊到他的工作和老板时，他显得很无奈，认为老板就是个棒槌，耽误了他的发展，也耽误了企业的成长。同学以最近的经历为例："根本不能理解，明明是他（老板）安排我写针对于下半年的大型活动计划，为什么我给他提案后，他又转变态度说这个事儿重要但不紧急。我花了两个通宵写的方案啊，他一句理解和表扬的话都没有。我真是无语了。企业每次市场活动都想要最好的结果，但是做活动又使劲卡预算，凡事想要好的，前期又不付出，怎么可能有好的结果呢？我那老板根本就没有战略规划能力！战略性提案就应该宏伟，否则怎么能称为战略层面的提案？反正我以后不会再给他提案了，我只做好手头眼前的事情，自己还能轻松一些。"

说别人总是很容易，但在我听来这番话就像是不懂事的孩子和父母闹意见，认为父母不重视自己的想法，不帮自己将想法实现。

我很想劝说这位同学，与其找老板的不对，不如先找自己的不对，因为我们能改变的只有自己。但当时的场合不允许我这么做。

老板想以最少的投入获得最好的效果，看起来是悖论，但只要操作得法，很可能成为花小钱办大事的经典案例。关键在于如何和老板沟通，必须向老板确认"花小钱"与"办大事"之间的契合点在哪里，围绕契合点展开头脑风暴，这样的设计是有机会获得通过的。不然，只是盲目地追求宏伟，那只有老板是你父母，才愿意付出高额预算来满足你的成功理念。

老师和学生，核心目标是完成学习；父母和孩子，核心目标是完成人生目标；老板和员工，核心目标是完成工作任务。这是三个截然不同的概念，切忌混为一谈！企业和员工是一种联盟，彼此为了完成共同目标努力奋斗，实现各自的价值。

最后，给大家一个忠告：职场不是家，它是一个优胜劣汰、适者生存的地方；同事也不是朋友，在竞争环境中谁都不能保证不做捅刀子的人；老板不是父母，他在意的只有企业全年总收入。

与老板建立"亲清关系"

与老板相处，是一门艺术。有人说，和老板走得近，就是近水楼台先得月，基本上老板身边的人都会平步青云。还有人说，不要走得太近，毕竟工作就是工作，把事情做好才是关键，夹杂太多私人情绪更容易让彼此受伤。

但笔者认为，与老板建立一种关系更为妥当——那就是"亲清关系"。

何为"亲清关系"？字面解释是既关系亲近又各自清楚。延伸到企业层面，则是老板与员工既要保持亲近的共赢、共生、共奋斗的关系，又要划清界限，在各自的岗位上创造更大的价值。

但"亲清关系"不是随便就能建立的，需要个体认真厘清与企业和老板的现状，并清楚自己是否认可企业的现状和前景。之所以要强调这一点，是因为当一个人不认同企业现状，也不认同老板的经营管理方式时，是无法真正做到"亲清"的。虚假的"亲清"不仅毫无正面意义，还会给自己带来负面影响。

"亲"是心的亲近，是员工与老板的思维亲近、执行亲近、责任亲近，员工能够站在老板的角度思考问题，老板也愿意主动考虑员工的实际情况。有了思想上的共鸣，老板和员工能够在情感上走得更近。不要误会，"走得更近"不是私人情感，而是共情情感，是以企业为纽带共同奋斗的情感。

"清"是保持界限清楚，老板是老板，员工是员工，虽然在思想上能达到共鸣，但在工作中仍是上下级关系。老板对员工负有管理责任，员工对老板负有服从责任。在正常情况下，老板不能越界干预员工的本职工作，员工也不能越界干扰老板的工作。只有在特殊情况下，老板才可以跃入员工的工作范围内，帮助员工解决问题，以实现工作的整体流畅。

"亲"与"清"不是对立关系，更不是捆绑关系，但在现实中，很多人与老板并未做到"亲清"而是"亲""清"不分，工作也随之陷入低效中。我们看看下面三种情况：

1. 只"亲"不"清"

这是职场非常忌讳的一种员工与老板的关系。只与老板亲近，而不划清该有的界限，在外界看来，你们之间的关系就是变味的。

港剧《陀枪师姐1》中，内勤女警朱素娥与上司"黄油蟹"的关系非常"亲",平时在警局就经常互损,朱素娥还总是不时欺负下"黄油蟹",就连家里停电,朱素娥都会带着儿子到"黄油蟹"家洗澡做作业。虽然他们之间的关系很清白,相互都没有任何越轨的想法,但在其他人看来,他们之间一定有什么问题,不然怎会如此?终于,闲言碎语传到了"黄油蟹"老婆的耳中,上演了一出大闹警局的闹剧,朱素娥因此被调往外勤,成为陀枪师姐。

虽然只是一部电视剧,但呈现的状态很有借鉴意义。作为职场中人,一定要把握"亲"的距离。

2. 只"清"不"亲"

相对"亲"来说,"清"的关系更容易把握一些,毕竟适度的近不容易做到,绝对的远并不难。但绝对的远真的有好处吗?职场中人如果与老板保持一种"除工作之外绝不亲近"的态度,就等于与企业也进行了割裂。即便工作再认真,付出再多,老板也难以对这样的员工有好印象,因为如此的"你不犯我,我不犯你"代表了对企业的不忠诚,还带出了对老板的不认可。

对"90后""00后"员工来说,这种分太"清"的职场关系,反而会增加彼此的隔阂。毕竟年轻人需要的是能谈天说地的良师益友,而不是只有工作交集的上下级关系。对老板来说,如果不能融入年轻人的圈子里,你将错过很多年轻人独有的看法。而对员工来说,得不到老板的支持,自身的好点子也难以实现,纵有千般好,难抵无伯乐。

3. 不"亲"也不"清"

这种情况在现实中也很普遍,该"亲"的时候不亲,该"清"的时候不清。当利益相关时不清,当责任需承担时不亲;与老板有接触的时候不清,与下属有接触的时候不亲;有功劳可争的时候不清,有过错该揽的时候不亲。

典型的就是平时老板跟下属打成一片,当下属出现错误时企图利用关系让上司放其一马,站在管理者的立场来说这万万不可,但作为朋友来说做得绝情也太不近人情。最终,这种两难局面就产生了各种撕破脸皮的结果,导致职场关系不和睦,甚至影响企业运作。

还有人情不清:如果在一些比较大的企业中,与某位领导走得非常近,有朝一日他失势了,对密切下属的前途影响是很大的。

利益不清:大企业里经常会出现所谓窝案的问题,哪怕你没有直接参与,但因为双方金钱来往较为密切,就会惹人怀疑,最终一大串人遭遇牢狱之灾,往往会被牵连进商业贿赂或者侵吞企业资产等刑事案件中。

说到这里,大家可能都明白了,这种既不"亲"也不"清"的人通常都是势利至上,只关注自己的利益,最终只能落得两手空空的下场。

向上管理,轻松获得老板支持

有优秀的老板,就有糟糕的老板。优秀的老板对人才具有吸引力,能够和员工形成良性互生力。糟糕的老板则会降低员工的工作积极性,他们总想通过PUA(全称是Pick-up Artist,起源于美国的"搭讪艺术",原本是用于男女两性交往的一套方法,后来被别有用心的人利用,变成了用洗脑、诱骗、威胁、心理暗示等一系列精神控制手段来欺骗异性的感情和钱财,甚至掌控对方的人生)来打压员工,喜欢看到员工在自己的打压之下越来越自卑，不断质疑自己的价值，以此让员工屈从现状甘愿为企业奉献。

其实，职场中更多的是既不十分优秀，也不会实施PUA，而是综合能力居中的老板。通常这样的老板不会给员工提供很大的机会，也不会让员工始终处于紧张焦虑中。这类老板对人才的留用方式一般靠加薪，但并不能完全解决问题，有底气的员工还是会选择跳槽。

本节我们不讨论跟随优秀老板的员工，也不讨论遭遇糟糕老板的员工，前者应珍惜现状，后者应尽早脱离，值得我们讨论的是那些"还能拯救一下"的综合能力一般的老板。

如果想要在职场有所发展，得到老板的赏识必不可少，但通过频繁换工作去碰运气是不推荐的，毕竟没人敢保证新老板是跟自己"气场一致"还是会"气你到死"。

聪明的人懂得如何把现有的牌打好而不是重新洗牌。最好的方法是向上管理，让老板和自己站在同一条战线上。这种设定彻底改变了管理只能向下的常理思维。

管理学大师彼得·德鲁克说过："你不必喜欢或崇拜你的老板，你也不必恨他。但你得管理他，好让他为你提供资源。"

也许你会很惊讶，打工人怎么能有资格去管理自己的老板？会产生这样的想法是因为大多数人把管理看成了权力。但实际上管理从来都不是高层工作者独有的权力，而是资源的争取与调配。

《管理学》一书中的管理的定义是：管理是通过实施计划、组织、领导、协调、控制等职能来协调他人的活动，使别人同自己一起实现既定目标的活动过程。

例如，为了完成你手上的项目，你完全可以主动约老板进行沟通，告知你接下来的计划，需要什么资源支持，以及如果得不到老板配合的后果。作为老板，考虑到企业整体利益，通常他会全力配合你完成工作。

所以，员工实现向上管理的具体方法大多涵盖以下三项：

（1）定期收集关键信息与数据和总结工作进展。找到问题的关键节点和解决的具体办法，确定周期性计划，以备不时之需。当问题出现时，老板最关心的是信息的准确性和解决问题的方案，用你收集到的关键数据去影响老板的决策，再用你的方案彻底说服老板做决策。

（2）面向老板，向上沟通。向上管理少不了要与老板交流，甚至你并不同意老板的决定。这时你既不能得过且过，也不能直接辩驳，而是先思考老板为什么会做出这样的决策？并寻找一对一环境与老板交谈。要不卑不亢，要简明扼要，要有理有据，而不是单纯的聆听者或者纯粹的阐述者。

（3）借用老板的资源帮自己解决问题。老板通常是企业最大的资源掌握者，向他求助总能得到意想不到的收获。但很多人并不会这样做，他们认为遇到问题只能自己解决，向老板开口会被骂："你是干啥的，这点儿问题都解决不了？"其实，有些员工绞尽脑汁都难以解决的问题，对于老板而言可能很轻松就解决了，而且为了保证企业的利益，在正常情况下老板都会施以援手。老板解决实际问题，是你当下的能力和价值；帮老板解决未来的问题，是你未来的能力和价值。向上管理正是帮老板解决未来的问题，因为你可以收集关键信息，你可以提供有效的方案，你可以及时向老板进言，和老板合力化解难题。

最后，笔者想告诉大家的是：向上管理的本质其实就是与上级建立联结，通过深度沟通深化信任，最终达到共同成长，彼此成就的目的。

第三篇
学会选择:重要的选择绝不能缺席

第八章　四步决策轻松做决定

看别人做决策是一件很爽的事情，那种果断，那种魄力，散发出摄人的光辉。

轮到自己做决策是一件痛苦的事情，那种犹豫，那种懦弱，铺散开遮人的阴影。

决策时刻是每个人一生都会经历的，快速做出正确的决定，是很多人梦想拥有的能力。其实，在正确的时间做出正确的决策，是决策高质量的保证。

现在我们就来解决无法轻松做决策的问题。需要通过四个步骤，一点点揭开高质量决策的神秘面纱。

保护好自己的生涯决策权

做决策遇到的第一个难题是：决策很纠结。

每当需要自己做决策时，你是否面临犹豫不决，各种纠结？比如结婚对象的选择，是否要买房，选择大企业还是小企业就职等。其实你并不孤单，因为你所遇到的问题，其实有成百上千的人都遇到过。

为何我们在做决策时会纠结？主要是由以下三个原因造成的。

（1）不敢对结果负责。有时候纠结犹豫，是因为我们对于要做的选择、掌握的信息不够充分，无法判断这个选择的结果是好是坏，因而陷入选择困境中。这种情况多出现于做重大决策的时候，因为决策失败的后果影响巨大，因此我们会倾向更慎重地做选择。

（2）可选项太多。相比于重大事情的决策，日常生活中的各种小事决策同样会让我们脑壳疼。因为网络时代带来的信息便捷与透明，我们要面临的选项之多前所未有，因此造成了决策所需时间的增多。例如，我们要向一家企业投简历，可以通过相关的网站查看企业资质，也可以用相关软件去看这家企业的口碑，甚至通过其自媒体平台去了解企业文化，每一个因素都会影响我们最终的决策。

（3）没有决策权。前两个原因都是在能做决策的前提下纠结，但这第三个原因是因为自身没有决策权，所以不敢做决定。这样的情况在职场中很常见。企业老板不放权，部门经理不放权，下属就没有决策权力，所有需要做决策的事情都要向上请示。

但在现实中，很多事情并非因为困难而不做，而是因为不做而困难。那么，我们如何才能做到科学决策不纠结呢？

1. 不确定的小事——盲盒心态

相信近几年流行起来的盲盒大家都听过吧，它就是利用人们的赌徒心理和好奇心理，对于不熟悉的事物，人们常表现出好奇和急于探求奥秘或揭示答案的心理。这样，追求惊喜刺激的心理在未知的盲盒拆开之前得到了最大的满足。而拆开后如果得到的不是自己心仪的物品，就会触发赌徒心理,希望通过不断购买下一个盲盒去获得想要的东西。

万物皆可盲盒,可以把盲盒心理应用到日常生活中各种小事的决策中。因为小事决策的错误成本较低,可以适当地把决策交给运气和直觉,结果也许会有意想不到的惊喜。

2. 不确定的大事——先做后调

对于结果不明确的大事,我们可以尝试先动起来。没错,这件事当下对你很重要,但是一段时间后,回过头来看你或许就会发现当初无论做哪个决定,结果都不会差太多,甚至发现当初的纠结已经没有多大意义。

如果这个决定产生的后果是持续性的,那我们完全可以通过阶段性的结果反馈,判断是否继续,如果继续,可以根据实际情况调整策略,让自己的决策无限趋于完美。

毕竟当今时代,改变是常态,不完美才是真实。苛求自己做出完美的决策只会作茧自缚,自寻烦恼。

3. 没有实权做决策——协议建议

当我们没有实权做决策时,可以为真正决策人提前拟定出"协议建议",让其根据你的建议做出决策。

例如在职场中,你被老板派出去跟第三方企业谈项目时,因为对方知道自己不是最终决策人,所以谈判多少会有点敷衍,这时自己可以跟对方说:"我们可以提前协商出一个'建议',只要它是合理的,我有信心可以说服领导接受。"这样一来,对方就会对此次交谈重视起来,你也不会因为没有实权而难以开展工作。

可能在工作中我们迫不得已无法掌握实权,但这并不代表我们对个人的职业生涯也没用决策权。

决定一个人职业生涯的因素有很多，自身实力只是一部分，外界因素才至关重要，如人际关系、家庭状况、行业环境、企业现状等，很多人却没有充分发挥外界因素的积极因素为自己的职业生涯助力。既然存在这么多的不可控因素，我们要不顾一切地去做决策吗？

非也，你的房子车子，你的家人朋友，和你关系最紧密的人和物，都不只是捆绑你的枷锁，更是你奋斗的动力，还是你人生价值的体现。因此，为了追求个人职业生涯更高层次的发展，我们需要保护自己的生涯决策权，摒弃那些外在的借口。

最后，笔者还想提示亲爱的读者朋友，保护自己的生涯决策权需要去伪存真，将那些伪阻碍去掉，留下最真实的感受。我们需要问自己：

自己可确定的选项有哪些？（没有确定选项的决策困扰，纯属借口）

自己拥有的决策权有多大？（没有选择权限的决策困扰，纯属借口）

决策倒计时

做决策遇到的第二个难题是：决策没有截止时间。

做出重大决策绝非易事，需要将前因后果和可能会涉及的方方面面都考虑在内，最后做出一个利益最大的决定。这个过程确实有些复杂，但绝对没有复杂到能让一个决策杳无音信。

一件事情有多重要或多紧急，必须现在就开始思考吗？大部分人对于纠结矛盾的事件都有天然的回避和拖延心理。当决策没有具体的截止时间时，有的人会因为过于纠结而耗费太多时间也做不出决策；有的人则会因为没有截止时间而忘记了做决策。（例如，我们被告知要做一个决策，但这件事没说什么时候要完成，于是通常都会放在一边，直到被再次提起才会去做决策）

所以，无论是大决策还是小决策，我们都应该给它设定一个"截止日期"。

下面笔者为各位介绍一个"70%法则"，这是由亚马逊创始人——杰夫·贝佐斯所提出的。这一法则的意思是"当你掌握了70%的信息后就应该立刻做出决定了"。

假设把做出一个好的决策所需要的所有信息称为"必要信息"，而高质量的决策需要90%的必要信息。这实在需要太多时间了，而速度在我们这个快节奏的世界至关重要。

想一想，你有时间耗费，但危机有时间等你吗？往往在犹豫不决中危机已经爆发了。所以，身处快节奏社会的你如果不能赶快做出决定，就会错过很多机会。

美国第16任总统林肯也曾说过："不要害怕做决定，不要奢求每一个决定都是正确的，我也无法保证，我只能说我每天做出的决定中，有70%都是错误的，但是这样也比不做决定要好得多！"

所有未来事情的发展都是决策的结果，即便未做出决策，事情也会按照无决策的走向发展下去。所以，无决策其实也是一种决策，只是做出"无决策"的人会变得极其被动。

在主动和被动之间，你会选择哪个？当然是主动，掌握主动权是成功的开始。对于决策，我们也应该掌握主动权，哪怕你曾经因为患得患失而丧失了主动权，那么从现在开始，请你反客为主，夺回本该属于你的主动权。

面对决策，你要充满自信。只要确认是在理智的情况下做出的决策，而非情绪冲动下做出的决策，决策的成功率就将大概率提高。再对决策进行一轮加工润色，分析得失利弊，一个高质量的决策就出炉了。

议而不决不如不议，必须给决策设定期限，如"在××××年××月××日之前必须给出最后答案"，再如"一定要在今天晚上9点之前给客户拿出最终解决方案"。并且这个期限不能随意变动，定下了就要做到，否则就是自欺欺人。哪怕做出的决策质量不太高，也比没有决策，任由糟糕的事情发展要好。

在此，我们在做决策时一定要给自己的大脑架设一台"决策倒计时装置"，进入倒计时就分秒不停地提醒。我们需要问自己：

这个选择已犹豫多久了？（确认是情绪冲动还是现实困扰）

最晚什么时候必须选择？（没有时间期限就是在被动等待）

对外求差异，对内求答案

做决策遇到的第三个难题是：听谁的意见。

当人们遭遇困惑难解的问题时，最常用的方式是向他人求助。找一个或先后向多人咨询，希望对方的回答能够帮助自己解开困惑。

这种不耻下问的做法是正确的，因为每个人面对问题时，因为性格不同、年龄不同、文化程度不同、过往经历不同、处事标准不同，造成对问题的理解方式不同，那么选择解决问题的方式也不会相同。

这种差异是个人性格和处事风格的体现，也是决断能力的体现。正因为有了这样的不同，才形成了各色各异的人，世界才足够丰富多彩。

谁都希望自己的问题能够得到圆满解决，因此，对正确的解决方式有极强的渴求，但若只凭一个人的智慧，几乎不可能永远做出正确的决策，必须得到他人的帮助。

但面向他人时，不能来者不拒，要进行分析判断。谁的建议趋向正确，谁的建议有失偏颇；谁的主张更有利于当下，谁的主张更有利于长远；谁的方法可行性更强，谁的方法不可以采用；谁给出的结论更有说服力，谁给出的结论有致命漏洞……

例如，职场年轻人经常困惑于是否辞职，几乎所有人走到离职的十字路口时都会犹豫不定，辞还是不辞？这个时候，向他人寻求帮助就成为必然选择。现在的同事，过去的同事，同窗好友，父母师长，闺蜜发小，甚至竞争对手，都可能成为被咨询的对象。

这些人，因为有各自的生活和工作圈子，看问题的角度和对问题的理解多种多样，给出的想法也不尽相同。哪怕同样支持离职或同样支持不离职的人，理由也各有不同。

多吸取不同，弥补自己见解上的不足，目的不是对他人的建议进行删减裁汰，最后留下一个照此办理，而是要进行融汇整合，然后仍然要结合自己的想法，站在自己的立场最后定案。

别人的角度再刁钻，也没有你距离问题近，没有你对问题的感受深。因此，在博采众长之余，别忘记肯定自己。融各家之言形成对自己最有利的决策，并立即将决策变成行动，既不辜负他人，也不辜负自己。

萨特的《存在主义是一种人道主义》中有这样一段话："假使你去一

位牧师那里征求意见,那就是你已经选择了这个牧师。至少你已经或多或少知道了他会给你什么样的劝告。换句话说,选择一个劝告者仍然是自我选择。如果你是一个基督教徒,你会说:去问牧师,但牧师有折中派的,有固执己见的,有见风使舵的,你要选择哪一类的呢?假使这青年人选择了固执己见的牧师,或是折中派中的一个,他必已事先决定了他将获得的忠告。同样地,他来找我,也已晓得我会给他什么样的意见,而我只能给他一个答复,你是自由的,因此选择吧——这就是说,创造。"

从某种意义上来说,决定向谁求助,决定听谁的意见,归根结底都是自己的一种抉择。因此说到底,对选择负责的最终还是你自己。

当然,我们无论决策时听他人的意见,还是坚持主见,都有可能是错误的决策,面对这种情况我们如何解决?

(1)假设有十个砝码,九个是标准的,一个重量不标准,你很容易把那些标准的挑出来。

(2)假设有十个砝码,一个是标准的,九个不标准呢?

(3)假设你是砝码制造商,对真假砝码有深刻的认识,再遇到上述问题呢?

可见,当信息充足时,错误的信息很容易被摒弃。当信息不足时,我们无所适从。原因在于信息不够充足。信息不足时,得到的判断总有一定概率是错误的,这个风险是你必须承担的。

面对这种进退两难的决策,我们可以做的就是"不后悔",毕竟你已经做了信息不足的情况下能做到的最好的选择了。

因此,当你遇到需要决策的时候,一定要向重要的、有见识的人咨询建议,善用身边的"镜子"看清自己,但要在众说纷纭中提炼精华,保持主见。我们需要问自己：

身边的人会怎么说？（向他人征求意见，看见自己看不见的）

自己究竟怎么看的？（向自己寻求答案，看见别人看不见的）

决策服务于目标

做决策遇到的最后一个也是最容易忽视的问题是：为何而决策。

笔者在讲课时常问学员两个问题，第一个问题："大家想一想，我们为什么要做决策？"

学员 A："因为遇到困难，必须要解决，就要做决策。"

学员 B："到了该做决策的时候，必须做决策。"

学员 C："日常很多事都需要做决策，这是逃避不掉的。"

学员 D："有时候是职责所在，只能做出决策。"

我："大家对于决策的理解其实都很清晰，决策从某种程度上说，就是我们无法回避的责任和义务。"

决策就是这样黏人，你越想它离远点，它就偏偏来到你身边，看到你、我、他所有人的无奈。

第二个问题："我们决策的目的是什么？"

学员 E："为了解决问题。"

学员 F："为了减少困扰。"

学员 G："为了履行职责。"

我："大家说的这些都是做决策的最终想要的状态，我们通过正确的决策，将问题解决，将烦恼解除。但是，最终状态达到要有一个前提，就是决策要服务于目标。这就要求我们做决策之前必须确定目标，并将这个目标作为决策和一切行动的根本。如果跳开目标，只是做出了一个自认为的好决策，是很难达到预期结果的。"

所谓决策目标，是指在一定的环境和条件下，根据预测，对这一问题所希望得到的最佳结果，最低程度问题得到怎样的解决等。

目标的确定非常重要，同样的问题，因为目标不同，可采用的决策方案也会大相径庭。

例如，某人是在校大四学生，正在惆怅是去面试找工作呢，还是继续考研充实自己？看着身边的同学，有的忙着备考，有的忙着面试，他越发不知该如何选择。向同学咨询意见，决定考研的同学告诉他应该考研，以及考研的种种好处；决定找工作的同学告诉他应该早点步入职场，以及尽早工作的好处。

无法做出决策的他选择了一边准备考研，一边参加面试，所谓双管齐下，左右开弓。直至毕业季来临，他因为信心不足没有找到满意的工作，也因为准备不足没能考上研究生。

可见，当没有确定目标或者目标不正确，接下来的一切决策和规划都将毫无意义。因此，我们必须知道自己通过决策想要达成什么目标。

还有一点很重要：哪怕我们找到了决策的目标，也要谨防"目标漂移"的情况出现。

所谓目标"漂移"，是指决策目标偏离合理状态，变得不太理性。

"老婆和老娘掉水里应该先救谁"这个经典的两难问题，就是犯了"决策目标漂移"的错误，人掉水里了，作为施救者本该尽快救人，见谁救谁，效率才是硬道理。可我们偏偏在比较老娘老婆谁更重要，这时决策的目标就从"追求效率"转移到了"注重身份"上。

每个人漫长的职业生涯中，做决策并非总能保持充分的理性，常常会陷入非理性困境。一些心理上、观念上的误区，会导致决策目标发生"漂移"。

决策者会受到包括心理因素在内的非理性因素的影响，把决策目标搞错。例如，让人咬牙切齿的沉没成本效应就是决策者在一些心理因素的误导下，对不需考虑的沉没成本非理性地加以考虑，导致决策目标出现偏差，最终决策失误的现象。

有企业上马新项目，前期投入很大。后来发现有问题，经济上不合理，项目必须立即终止，不然会有严重亏损。这时，一些决策者考虑到前期的投入，往往难以痛下决心，很可能硬着头皮撑下去。因为心疼前期投入，不理性地用资本"保全"取代"经济上合理"，决策目标发生了"漂移"。

在《爱丽丝漫游奇境记》里，爱丽丝问一只猫："请你告诉我，我该走哪条路？""那要看你想去哪里？"猫说。"去哪儿无所谓。"爱丽丝说。"那么走哪条路也就无所谓了。"猫说。没有目标，就没有战略；没有战略，就没有计划；没有计划，就没有行动。

所以，决策的有效性要建立在有明确目标的基础上，并且以始为终，认真执行决策，坚持实现目标。我们需要问自己：

自己要去何方？（没有正确方向，方法越正确越错误）

自己想要什么？（没有确定目标，所有路径都没意义）

第九章 CASVE 正确决策姿势

著名产品人梁宁老师说做决策需要两件事情：第一，信息环境；第二，决策模型。

战略决策的好坏＝决策模型×信息环境

充分、客观的信息环境，是做出正确决策的依据。如果你所处的信息环境里，有严重的信息缺失，甚至信息扭曲，那你很难做出正确的决策。基于充分、客观的信息环境，你就可以发散出很多可能的选项。然后通过决策模型找到最好的那个选项。这就是做决策的过程。

本书前面的部分都在帮助大家获取信息，第一篇看透自己是获取自身的信息，第二篇看懂职场是获取职业的信息。那么本章就要给大家介绍决策模型了。

决策模型，其实就是战略分析工具。很多时候，我们不是缺少思考，而是缺少有条理的思考，想得不够全面和完善，所以总觉得缺了点什么。这种"缺了点什么"的感觉，就是思考的缝隙。

决策模型，就是一些框架性的工具，能帮助我们进行整体性、前瞻性的思考，让我们在激烈竞争中提前迈出一小步。

本章和大家分享一个好用的决策工具——CASVE 循环。通过该循环内部的五个步骤，帮助我们掌握一种决策技能。实用工具能得到广泛认可的根本是简单清晰，CASVE 就符合这样的标准。如果你有决策困难症，不妨让 CASVE 出一份力，助您在纷繁复杂的干扰中杀出一条血路，在杂乱无章的选项中找到最合适的。因此，CASVE 绝对是工作生活之必备良品。

CASVE 模型：给你的大脑输入正确的决策程序

做决策，不能追求方方面面周全的"完美"，而是通过获取有效的经验和信息，权衡利弊，抓住重点，达成最大价值。所以我们决策的第一步是要达到一个共识：没有完美，只能权衡利弊取舍。

第二步，建立自己的客观"决策框架"。

人性有趣的一点是，比起所得，人们往往更在意失去的东西。所以，我们在建立自己的客观决策框架时，需要分别从"收益框架"和"损失框架"考虑。如果自己正是"更在意失去"的人，那么在决策时，偏向考虑"哪一种失去，你更不能忍受？"

第三步，运用理性决策模型：CASVE 循环。

CASVE 循环是一种职业生涯规划决策技术，包括沟通（Communication）、分析（Analysis）、综合（Synthesis）、评估（Valuing）、执行（Execution）五个阶段，CASVE 是这五个英文单词的首字母组合。CASVE 能够为个人或团体在生涯规划决策方面提供有力帮助。

职业生涯规划决策是一种问题解决活动。你对有关职业问题的解答，如同你对数学问题或科学问题的解答一样。你的职业生涯质量是以你怎样进行职业选择、职业决策和怎样解决职业问题为基础的。学习生涯决策技术中的 CASVE 循环可以在整个职业生涯的方向选择、决策制定和问题解决过程中为你提供指导。

该模型认为，一个良好的决策需要经历五个步骤的洗礼，即沟通 C、分析 A、综合 S、评估 V 和执行 E（见图 9-1）。

图 9-1　CASVE 模型

职业生涯规划决策是基于了解自我和我可能的各种选择的基础之上，因此，在正式进入 CASVE 之前，我们先了解生涯决策过程中存在的三种状态，看看自己当下属于哪种状态，这更有利于了解自己。

状态一：已决策。

可以独立地将自我储备的知识和各种选择的知识进行整合，制订出让自己和服务对象（客户、企业、社会）都满意且对双方都有益的生涯决策。

决策分为真决策和假决策。真决策是自己根据已有状态主动做出决策，假决策是自己在被动情况下为减少即时压力而做出的应付性决策，因此，我们需要衡量自己是真实已决策还是虚假已决策。真决策生成的是有效决策，假决策生成的是无效决策，有效决策对未来的助益将随时间进程而越发明显，假决策则对未来没有丝毫助益，甚至会产生糟糕的负面影响。

状态二：未决策。

在现实情况中，处于未决策状态的个体数量远大于已决策的个体，这是人性中趋利避害和患得患失在作祟。决策是个体性格和行事风格的反映，更是一个人综合能力的表现。可以这样说，一个能够在复杂情况下勇于做决策的人，且无论其能力如何，其勇气和魄力就胜出一筹。再强的能力也需要决策和执行去体现，不施展等于不存在。而一个能够通过决策给自己提供施展能力和改正错误机会的人，其综合能力必将不断提升。

未决策者自身的状态通常有两种：一种是尚未确定的状态并没有让我感到不适，另一种是尚未确定的状态已经让我感到不适。前者的未决策状态会更长时间地持续，而后者的未决策状态很可能在较短时间内结束。

如果你并未对未决策状态感到不适，说明你只是暂时有了要改变的想法，现实仍然是温和的，你并不急迫；如果你对未决策状态已经感到不适，说明你早已有了要改变的想法，现实对你几乎没有温度，你迫切需要做出决策。

状态三：不明决策。

已决策是很明显地知道自我必须做决策，并且做出了决策。未决策是知道自我需要做出决策，但某些现实让自我尚未做出决策。不明决策是典型的初期犹豫阶段，即自我并不知道当下是否需要改变，好像生活和工作的各方面都难以制订计划，也没有什么方向，更谈不上做出生涯决策。这类人在生活中持续体验到较大的压力，没有片刻喘息之机，几乎丧失了为未来做打算的想法。

但正是这类人才更需要生涯决策，他们需要为自己的人生负责，要有一份对自己有益的生涯规划。虽然暂时仍是迷雾重重，但只要不断拨乱，总有一天迷雾散尽，阳光就在头顶，前路将越发清晰。

可见，学习CASVE的主要目的是帮助未决策者和不明决策者梳理完成生涯决策的行为。已知CASVE模型分为五个步骤，下面针对这五个步骤做出初步讲解。

步骤一：沟通（C）

之所以用"沟通"一词来描述我们决策的第一个阶段，原因在于我们总是接收到理想与现实之间存在差距所传达出来的信息。正是有这些信息的存在，才促使我们做出决策。

信息或信号的沟通分内外两种：因为选科或转行而感到焦虑，是一种"内部沟通"；"外部沟通"包括老师对你毕业后的职业计划、领导解雇你时给你发送的通告等。

这里重点说一下对内与自己的沟通：寻找自己的特征，接收理想与现实之间存在的差异所传达出的信息，包括情绪信号（焦虑、易怒、厌烦、失望等）、身体信号（颈椎病、胃痛、肩周炎、昏昏欲睡等）、能力信号（不会英语、口才较差等）、状态信号（不想工作、拖延症、缺乏耐心等）、外部信号（企业通知、同事反馈、父母关注、他人评价、专业过时等）。

具体到工作中表现为：对于上级交代的工作推脱、抱怨、延迟上交；与部门同事合作常发生争执；每天上班跟上刑场一样难受；想到自己的未来就莫名想哭……

这个阶段也正是"知道自己需要做一个选择"的阶段。在这个阶段，我们从认知和情感上充分地接触问题。当我们完全意识到这些信号时，我们不能再置之不理。在充分与内部和外部沟通之后，我们才需要开始分析问题的来源，探究问题的成因。

步骤二：分析（A）

其实，分析阶段并不困难。只要你尽全力去分析，自然得到比不分析要好的结果。只不过很多人因为没有在第一个阶段充分沟通，没有完完全全地认清问题，情绪这个大敌占据了主动，CASVE 的威力也就无法发挥。

在这个阶段，自我需要花时间去思考、观察、研究，从而更充分了解差距、了解自己：如何才是有效反应？是否可以通过改善自己的知识、技术、能力去改善自我？有哪些行业可以弥补我目前的差距？

分析的目的是消灭冲动，冲动是无效的，通常会令事态更加恶化。好的生涯决策者一定会阻止冲动行为，以便在未来能减少或消除在沟通阶段体验到的压力与痛苦。好的生涯决策者同样会先弄清楚，我要解决当下的生涯困境需要了解自己的哪些方面，了解他人的哪些方面，了解环境的哪些方面，需要做什么才能解决问题。

他们通常有如下三方面思考：

（1）自己期望的工作状态：在一个有专业度的领域，能够自由支配时间，可助人且有成就感的工作，最重要的是能够在自己的不断努力下实现财务自由。

（2）目前的差距：行业并不具备专业性，没有时间自由，经常尔虞我诈，没有成就感，无论自己怎么努力也无法实现财务自由。

（3）产生这种现状的原因：没有企业文化，老板能力不够，行业自由度太低，对行业整体状态不认可，对在本行业继续工作感到厌烦。

该阶段还需要把各种因素和相关知识联系起来。例如，把自身知识系统和职业选择联系起来，把家庭和个人生活的需要融入职业选择中。

这里可以尝试以"职业选择"为例，你需要做的三件事情是：了解自己（价值观、兴趣、能力等），了解职业、岗位要求或行业状况，了解自己是如何做出重要决策的。

在充分了解的情况下，你得到了很多关于自己的信息（可以借助MBTI），得到了很多岗位的信息（企业的官网或招聘网站），然后从若干个选项中挑出与你匹配的职业选项（可能是三个、五个，也可能是十个）。

简言之，分析过程就是匹配的过程，就是将选项与你的理想相配合的过程。

步骤三：综合（S）

假如我们手上已经拿到了十个较符合我的选项，需要解决的是"扩大或缩小我的选择清单"。对分析阶段的结果进行综合性加工处理，进而制定出消除问题或差距的行动方案。核心任务是：确定自己可以做什么。只有确定自己能够做什么，再在正确选择的基础上进行提高，以最终解决生涯所遇到的问题。

结合实际，"自己能做什么的选择"包括三大方面：一是增加学习和培训，提升自己的综合竞争力；二是寻找一个符合自己预期的，具有发展前景的行业；三是寻找一家成熟度较高的企业，便于自己发挥。

想要做到这三方面并不容易，整个综合加工的过程相当于扩大并缩小选择清单的过程。首先要扩大方法范围，要尽可能多地找到消除造成第一阶段发现的差距的方法，并发散地思考每一种办法，甚至采用"头脑风暴"进行创造思维。其次，缩小有效方法的数量，通常缩减到3～5个选项，因为这是我们头脑中最有效的记忆和工作容量数目。

笔者相信，每个人都有自己的一套办法最终选择答案。例如，寻求他人的意见，排序比较，甚至是抓阄。而笔者较为推崇的方法是排序比较。在符合自己价值观的基础上，对每一种选科模式进行综合，列出其中的"代价"和"益处"，再将选项逐一排序。

步骤四：评估（V）

评估就是排序，对每一种选择对生涯决策者本人及其重要的人的影响进行排序，最终得出哪种选择对自己是最好的，对生活中的重要的人是最好的？可以分为两个小步骤：

（1）每一种选择都要从对自己和对他人的代价和益处两方面进行评价，并综合物质上和精神上的因素。例如，如果我选择了服兵役，将会给自己、伴侣、父母、孩子等重要他人带来哪些好的和不好的影响，他们在经济上和精神上的益处和冲击将有哪些？再如，如果我选择辞职创业，将会对自己、伴侣、父母、孩子等重要他人带来哪些好的和不好的影响，他们在经济上和精神上的益处和冲击将有哪些？

（2）对综合阶段得出的选项进行排序。能够最快速、最彻底消除差距的选项排在第一位，次好的排在第二位，以此类推，最不好的选择排在最后。此时，生涯决策者会选出最佳选项，并且做出承诺去实施这一选择。

莎士比亚曾说过："忠实于自己，追随于自己，昼夜不舍。"尼采也曾说过："当我们知道为什么而受苦时，几乎可以忍受所有的苦。"你的追求是追名，还是逐利，或者为了世界和平？这个价值观存在于每个人内心，找到真实的自己。在合法的范围内，一切追名逐利都是正当追求。

步骤五：执行（E）

这是事实选择的阶段，前边四个步骤将选择的工作做完了，最后必须通过实际行动将思考、分析、制定、评估这些行为的结论转化为成果。

例如，报名培训班、参加英语聚会、和感兴趣行业的同仁约定交流时间……

不得不说前边的四个步骤是枯燥且痛苦的，所有经历者都有"揭开自己伤疤"的痛感，因为不可否认的现实是，很多人的无所作为更多不是环境所致，而是自身的懈怠和不思进取所致。但如果你切切实实地跨过了这一步骤，你会发现原本混沌的天空一下子晴朗了，原本迷雾重重的前方已经出现了明确的路径。这是你生活原本该有的晴朗，也是你人生早该奋力前行的道路。虽然发现得迟了一些，但好在它终于出现在你面前了，还犹豫什么？还找什么借口？

在培训中，笔者真切地感受到，大家都觉得在执行阶段制订行动计划是令人兴奋且有价值的，因为他们终于开始采取积极行动去解决问题了。但需要注意的是，决策是一个循环过程，也就是说，在行动之后，还需要对自己的决定及其结果进行评估，由此可能进入新一轮的决策过程。

回顾：不断循环。

在 CASVE 五步循环之后加上一个结尾，即该循环是一个不断重复的过程，以确定生涯决策者在人生的各个阶段都能制定出对自己有益的决策。确定你的决策优劣的关键在于：现实与理想之间的差距是否将得到消除。

比起讲道理，笔者更喜欢讲故事，所以笔者将借用两个案例，用一种轻松的方式和大家进一步分享这个决策工具。

前情提要一：

小杰瑞，女，22岁，就读于普通本科学校，市场营销专业，即将毕业。霍兰德代码SAE，喜欢读书、写作，参加过学校文学社。毕业后，她的首选是进入职场，但对自己的本专业无感，也不想做销售，小杰瑞一直没有下定决心去行动。

前情提要二：

大汤姆，男，35岁，大学二年级肄业，计算机信息管理专业。霍兰德代码ESI，喜欢历史、地理、体育、阅读，参加过学校足球队。离开校园后先后从事过塔吊司机、房地产中介、安全产品销售，目前是一名图书编辑，他一直希望创业，但还没有下定决心。

接下来，我们一边阐述CASVE模型的每个步骤，一边帮助小杰瑞和大汤姆分析现有状况，找到未来路径。

C：告诉自己，该做出决定了

沟通，包括内部和外部的信息交流，通过交流使生涯决策者意识到理想和现实之间存在的巨大差距。

内部的信息交流，是指生涯决策者自身的身心状态。例如，在毕业找工作时，在一份工作做到身心疲惫时，你会感受到各种负面情绪，身体上会有难以化解的疲倦感，这些不良状态都能起到提醒作用，告诉自己，该做出决定了。

外部的信息交流，是指外界的一些对生涯决策者产生影响的信息。例如，宿舍同学开始准备简历，企业同事接二连三辞职，老板无能连累员工收益下降等，都给你提供了一种外部信息，你也需要开始准备找工作了；又如，在求职过程中父母、老师、朋友给你提供的各种建议，其他朋友的创业成功或失败的消息等。

通过内部和外部沟通，你意识到自己需要解决某些问题，这样的交流对生涯选择十分重要。

综上所知，这是"知道我需要做一个选择"的阶段。

在这个阶段，生涯决策者会收到一些信号，有些是内在的，有些是外在的。但都可以汇成一个问题："我正在思考并感觉到自己的职业选择是什么？"

小杰瑞面临的问题是：马上就要毕业了，自己的专业与自己的理想不符，是放下理想选择专业，还是放下专业选择理想？眼看着身边的同学都定好了方向，父母会询问她的想法，同学会关心她找的工作，亲属更是热情膨胀地关心着她的未来。这些内外夹攻的信号让她明白，必须做一个决策了。在这个阶段中，小杰瑞会感受到很多消极的情绪，如焦虑、迷茫、受挫、担忧和不确定。

如果小杰瑞将自己埋入消极的原认知里，她可能会想："毕业真是太烦了，我根本不知道该怎么做才好。"这种认知只能滋生逃避心理，对毕业没有任何帮助。小杰瑞需要重构认知：告诉自己，承认现在的状态不好，情绪不好，但是如果什么都不做，也不是个好主意。我可能需要先行动一小步，或者寻求外界的帮助。

大汤姆的问题比小杰瑞更麻烦，他已过而立之年，至今一事无成，望着只剩下尾巴的青春，他的迷茫和焦虑显然更甚。是继续这份半死不活的工作，维持吃饭，还是再搏一次，辞职创业？多年北漂，仍然无所作为，自己的压力、家人的压力、未来的压力，让他的整体状态越来越差。情绪传递出了焦虑、易怒、对行业厌烦和对自己失望的信号；身体传递出了疲惫不堪，夜不能眠的信号；能力传递出了过35岁已经进入工作鄙视链的信号；状态传递出了不想继续写稿，拖稿现象严重，与同事不再交流的信号；外部传递出了父母期望不再和他人评价越低的信号；行业传递出了越来越不重视成熟编辑，薪水不升反降的信号。

大汤姆已经有很长一个阶段陷入在这种糟糕的状态中，每次接到稿件都很不情愿，不拖到无法再拖绝不开始，拒绝与同事就稿件问题进行交流，每天上班都为自己感到悲哀。与小杰瑞一开始就知道逃避是错误的不同，大汤姆因为各种原因从最开始认识到这份工作的无望到现在，始终在逃避，那么还能再逃避下去吗？各类信号都向他的现状提出了明确抗议，问题已经出现了，并且非常严重了，到了必须解决的时候了。

A：找到尽量多的可能性

分析，是通过思考、观察和研究，对兴趣、能力、价值观和人格等自我知识以及各种环境知识进行分析，从而更好地理解现存状态和理想状态之间的差距。

首先是自身知识系统，包含兴趣、能力、价值观、人格四个方面。

兴趣：我喜欢做什么？做什么事情时我能最大限度投入？做什么事情能让我累并享受着？

能力：我擅长做什么？做什么事情我能比别人付出少却做得更好？我掌握了哪些专业知识？我更愿意在哪方面提高专业能力？

价值观：我最看重什么？我一生希望达到的目标是什么？我希望工作可以带给我什么？

人格：我是外向的还是内向的？我关注事物的宏观抽象还是具体细节？我倾向理性思考还是感性观察？我习惯于有条不紊还是随机应变？

其次是环境知识，每一个选择处于什么样的环境？会给自己的将来带来什么样的生活？需要自己付出什么努力？例如，对于即将毕业的大学生，是就业还是考研？如果考研需要付出什么努力？花多长的时间准备？读研之后的生活是怎样的？研究生毕业之后的求职情况如何？如果找工作，需要了解自己的求职意向、未来目标和能力阈值，还要了解意向企业的职业信息。

最后是抑制冲动心理。在发现理想与现实的差距后，人的内心难免会产生持续不断的波动，不想面对或者希望尽快结束，这都将造成冲动决策。如果你不希望自己未来的人生一塌糊涂，我劝你一定要冷静，现在的状况或许很糟糕，但若能挺过现在，好好规划未来，未来一定很美好。

综上所述，这是一个"了解自我和我的选择"的阶段。

要解决当下的困境需要了解自己的兴趣、技能、价值观，要正视自己对工作的期望，加深对周遭环境的认知。

这个阶段小杰瑞要花费大量时间去思考、观察、研究，与自己博弈，深入而客观地了解自己。喜欢什么？能做什么？想要什么？未来的目标是什么？可以利用的资源有哪些？

小杰瑞可能会做一些职业兴趣的测评，盘点自己的能力，反复思考自己对未来的期待。她还可能去招聘网站，既了解和自己专业相关的职业有哪些，也了解和自己爱好相关的职业有哪些，并进一步了解求职的具体过程和用人单位的具体要求，以及同身边的人交换找工作的经验。

正因如此，小杰瑞收集到大量关于自己和职业世界的信息。因此在这阶段的初期，小杰瑞会感觉混乱和疲惫，太多的信息，不确定的想法，会让她觉得自己根本没办法搞清楚这些东西，也无法确定到底什么对自己是重要的，合适的。如果小杰瑞持续困在这样的情绪里，她极有可能会一时冲动胡乱决策，然后破罐子破摔。小杰瑞需要重构认知：自我告诫非常重要，她需要让自己明白，虽然总会感到泄气，做出选择之前得了解自己也很困难，但收集到的这些信息都是很有价值的，了解自我的过程对人生也是有意义的。

小杰瑞的职业生涯是从无到有的创造，大汤姆的职业生涯则是不破不立的割断。他需要先割除旧有的，才能创造全新的。

首先，他非常认真地写下了自己曾经和现在都一直很期望的工作状态：在一个有专业度的领域里，能够自由支配时间，发挥自己的优势，获得他人的认可，通过自己的不懈努力实现财务自由。

其次，他将造成当下和期望的差距的原因客观地逐一列出：

（1）接连选错行业。因为学历不高选择了房地产中介，但因为不适合而退出；未再从事安全产品的电话销售，因为企业倒闭了，自己也不喜欢那种工作模式；编辑行业是自己喜欢的，从事了七年，对成熟编辑的重视程度不够，未能体会到文化工作者的自豪感，反而都是心酸。

（2）自己努力不够。工作之余未能持续进补，增强自己在所爱好行业的专业能力。

最后，产生现状的原因。最关键原因是行业薪资偏低。编辑行业的成熟员工较同类行业的成熟员工的起步工资差距近一半，导致心理逐渐失衡，不愿再在这份工作上消耗精力。由此衍生出的另一个状态就是对行业不满，对这份工作感到厌烦。

分析之后，大汤姆认为目前的糟糕状态，自己仍然需要负主要责任，行业不好，但是自己选择的，且这期间并未对改善现状做出努力，而是听之任之。只顾着生气抱怨，却没有采取实际行动。大汤姆需要进行心理建设，更主动地接纳当下糟糕的自己，并努力寻找解决方法。

S：缩小选项清单

主要是综合和加工上一阶段提供的信息，从而制定消除差距的行动方案。其核心任务是，确定我可以做什么来解决问题。

这是一个扩大并缩小选择清单的过程。首先，尽可能多地找到消除差距的方法，发散地思考每一种办法，甚至采用"头脑风暴"进行创造思维。其次，缩小有效方法的数量，通常缩减到 3～5 个选项，因为这是我们头脑中最有效的记忆和工作容量就是这个数目。

这个先扩大后缩小的过程非常重要。扩大是为了囊括更多的，缩小是为了找出合适的。

首先通过分析阶段对自我的各方面详细了解，因为每个方面都对应着很多种职业，把这些职业都列出来，会得到一个范围很广的选择列表，这个过程就是扩大。

其次选取其中的交集，得出较小的职业选择范围，反复进行交集操作，把最可能从事的职业限定到3～5个。

最后问自己"这3～5个选择是否可以解决现在的生涯困境，是否在付诸实施和不断努力后可以消除现实和理想间的差距？"如果可以，就进入评估阶段选出最适合的选择；如果还是不能解决问题，就需要重新回到分析阶段了解更多信息。

无论怎样做选择，核心必须围绕自己可以做什么和自己喜欢做什么，两者兼而有之的选择才是合适的。如果在你的清单里找不到兼而有之的，一定要以喜欢做什么为主，喜欢的才会投入，哪怕现在能力仍然不够，只要愿意努力学仍然可以做得很好。

如果将这个过程比喻成做饭，上一个阶段是寻找食材，这个阶段就是整理食材，挑出其中能用的，并根据食材思考能够做出一道什么样的菜！这道菜一定是自己爱吃的，否则就要重做。

综上所述，这是一个去伪存真的阶段。

当然，"伪"也是自己造成的，因为不想错过能够帮助自己解决生涯困境的机会，便想方设法扩大选项清单，但太多的选择又让人无从选择，还必须逐渐清除，从非常不适合（一般胜任但根本不喜欢的）到一般适合

（能胜任但不太喜欢的），再到适合（能胜任但一般喜欢的），最后剩下的就是非常合适的（既能胜任又喜欢的或者非常喜欢但暂时还不能胜任的）。

小杰瑞的选项清单里最初写了：市场助力、行政专员、新媒体运营、市场销售等她暂时能做的职位，但显然不够有脑洞，于是她进一步收集信息，又写上了机构培训师、全职写手、文案脚本策划、导游、旅游体验师……

写了一大堆职位后，小杰瑞开始做筛选，根据对自己的了解，勾选了市场营销、市场助理、新媒体编辑、机构培训师……

这个阶段需要全程积极思考，帮助自己建立信心，勇敢勾掉暂时能适应但自己没兴趣的职位。但跳出舒适区总是让人焦虑的，很容易让人陷入消极情绪中，对自己"能干的不喜欢，喜欢的不能干"而感到悲哀，会认为根本不知道什么职业是适合自己的。一旦丧失了积极性，人就会拒绝思考，被困在僵局里。小杰瑞需要继续重构认知：探索的过程总是伴随着沮丧，但如果不探索，未来会更加沮丧，必须放开自己去探索适合自己的领域。

大汤姆的进程要比小杰瑞艰难，因为他经过多年职场打击，已经对自己的能力产生了怀疑，也早已不再思考自己适合什么，此时让他思考这些，犹如一棍子打蒙了他。

他拿起笔，面对分析的结果，思考了半天只写出一项——图书编辑。这是一种无奈，工作十几年，竟然除了写稿之外没有其他技能。后来索性天马行空，根据自己期望能力和爱好随便写希望从事的职业，如文案策划、网站运营、职业球员经理人、体育论坛评论员、考古工作者、探险家、企业管理者、种植中药材……看着这些与现状不搭边的各色身份，必须逐一剔除。这又是个艰难的过程，毕竟爱好是很难割舍的，但尊重实际同样重要，有些即便再喜欢也只能忍痛割爱。最后剩下了文案策划、企业管理者、种植中药材三项。

V：按照优先次序删选排列

评估，是对综合阶段得出的3～5个职业进行具体评价，以获得从事该职业的可能性，以及这个选择对自身及重要的人的影响，从而进行适合度排序。

可以进行三轮自问：

（1）对我个人而言什么是最好的？

（2）对我生活中重要的人而言什么是最好的？

（3）对我所处的环境而言什么是最好的？

此外，还可以通过生涯平衡单和SWOT分析法进行评估。

1. 生涯平衡单

生涯平衡单是帮助生涯决策者使用表单的形式，系统地分析每一个可能的选项，判断分别执行各选项的利弊得失，然后依据其在利弊得失上的加权计分排定各个选项的优先顺序，以执行最优先或偏好的选项。

生涯决策平衡单的选项通常从四个方面进行分类考虑，这四个方面也是我们工作的主要原因。它们是：

自我物质方面的得失，即选择某一个生涯选项，在物质方面我能够得到或失去的东西。一般包括个人收入、健康状况、休闲时间、未来发展、晋升状况、社交范围等。

他人物质方面的得失，即选择某一个生涯选项，在物质方面对他人的影响，常见的他人一般是家人，例如说家庭收入。

自我精神方面的得失，即做出一项选择时，我能够得到或者失去的精神层面的东西。例如，改变生活方式、富有挑战性、实现社会价值、成就感等。

他人精神方面的得失，我做出一个选择时，他人（生涯规划上一般都是指家人）在精神方面的得失。例如，父亲的支持、母亲的支持、妻子/丈夫的支持等。

以上四类因素，我们统称为选项考虑因素。接下来就是如何通过5步来制作完成我们的生涯决策平衡单。

第一步：列出我们需要比较的所有生涯选项，当然，既然涉及选择肯定至少有两个选项。

第二步：根据自己的具体情况，按照四大选项考虑因素组分别罗列出各组的考虑因素。

第三步：为选项考虑因素赋值，即给予权重分数。最重要的因素为5，最不重要的因素为1。

第四步：设定各个选项对相应考虑因素的影响程度分数。从 –10 到 +10，根据选项对考虑因素具体项影响的大小而定。

第五步：加权算出总分，然后评估不同的生涯选项。

这样，一个决策平衡单就做出来了（见表9-1）。

表9-1 决策平衡单

考虑因素	重要性加权	选择项目					
		⊕ 有利	⊖ 不利	⊕ 有利	⊖ 不利	⊕ 有利	⊖ 不利
个人物质得失							
他人物质得失							
个人精神得失							
他人精神得失							
合计（加权合计）							
总计							

　　一套完整的生涯决策平衡单的运用，可以帮助当事人向内在的世界探索生涯未定向的答案，了解兴趣的内涵与转移，探索内心世界的冲突，也能以自己的认知结构去做较符合现实的抉择，以面对现实的外在世界。

2. SWOT 分析法

SWOT 分析法最早由哈佛商学院的肯尼斯·安德鲁斯教授于 1971 年在其所著的《企业战略概念》一书中提出。

SWOT 分析具有显著的结构化和系统性特征。就结构化而言，首先在形式上，SWOT 分析法表现为构造 SWOT 结构矩阵，并对矩阵的不同区域赋予了不同分析意义；其次在内容上，SWOT 分析法的主要理论基础也强调从结构分析入手对个人或者企业的外部环境和内部资源进行分析。

另外，早在 SWOT 诞生之前的 20 世纪 60 年代，就有人提出过 SWOT 分析中涉及的内部优势、弱点、外部机会、威胁这些变化的因素，但只是孤立地对它们加以分析。SWOT 分析法的重要贡献就在于用系统的思想将这些似乎独立的因素相互匹配起来进行综合分析，使个人目标或者企业策略的制定更加科学全面。

其中 S 代表优势（Strength），W 代表弱势（Weakness），O 代表机会（Opportunity），T 代表威胁（Threat），是个体"能够做的"（即个体的强项和弱项）和"可能做的"（即环境的机会和威胁）之间的有机组合。其中，S、W 是内部因素，O、T 是外部因素。

做个人 SWOT 的目的是改善和提高自己，仅仅做了 SWOT 是不够的，还要完成下面两个步骤：

进行个人 SWOT 分析只是一场个人头脑风暴，需要用行动来改变，否则不会有太大的变化。

利用自己的优势为自己创造机会，利用自己的优势减少威胁，然后对自己的劣势有更清晰的了解，可以对劣势进行处理，或以对自己有利的方式加以利用。

综上可述，这是一个做出选择的阶段。

小杰瑞要评估剩余的三个选项中哪个最符合她的价值观和距离她的理想更近？同时，她还要思考她的家人会持有什么样的意见？这三个选项分别会给她看重的人带来怎样的影响？

选项一是新媒体运营，但在家乡这个行业并不成熟，她必须要去其他城市就业，父母能接受吗？

选项二是全职写手，虽然是自己的爱好，但目前自己没有其他经济来源，做这个没有稳定的收入，如果生活陷入困境，父母会因此焦虑，自己也会很难过。

选项三是旅游体验师，这是新兴的职业，比较酷炫，收入可观，也符合自己的心理预期，鉴于自己有一定的文字功底，也能胜任，只是需要全国甚至全世界到处跑，一定会让身边的人感到困惑，并为自己的安全担心。

先不说小杰瑞选择了哪一项，如果遭遇父母反对，那么父母的意见和自己的理想哪个更重要？在这个阶段，小杰瑞会陷入理想与情感的矛盾中，这也是很多年轻人都会面临的。生命中最重要的人的意见一对会对我们产生影响，这是无法逃避的现实，认知重构会让人们从一意孤行的固执和人云亦云的软弱中走出来，告诉自己，他人的观点很重要，自己需要认真考虑，但自己的理想也很重要，尊重理想就是尊重自己。若实在无法兼顾平衡，也必须对生涯规划有清醒的认识，毕竟自己才是那个需要为自己的生涯选择负责任的人。而且也要相信自己有能力做出选择。

大汤姆的情况更为复杂，毕竟年纪的因素会让他遭遇来自家庭更大的阻力。先看看他剩余的三个选项：

选项一是文案策划，与编辑的工作差别不大，都是需要埋头苦读加奋笔疾书的，虽然能够胜任，但与他渴望改变生活状态的期望不符。

选项二是企业管理者，当下的状况不会有企业雇用他为管理者，他想成为管理者的唯一途径就是创业当老板，但现实情况是他没有项目、资金不够，唯一有的就是产品渠道，能不能行呢？

选项三是种植中药材，种植养殖一直是他喜欢的事情，中药材尤其名贵，种植成功将收获颇丰，但怎么实现呢？没有土地，也不了解相关知识，还没有启动资金。

现在看来，大汤姆的三个选项好像都进入了死胡同，没有继续下去的可能。但这种直通内心的选项是不会被轻易放弃的，这是一个人的发自内心最深沉的热爱，被锁住时连自己都忽视了，一旦被开启将难以遏制。

E：确定最优选项尝试探索

执行，是 CASVE 的最后一部分，前面的步骤只是确定了最适合的职业，还不能带来职业选择的成功，需要在执行阶段将所有想法付诸实践。

在执行阶段，需要制订计划，进行实践尝试和具体行动。例如，开始具体的求职过程或者创业过程。但不是一次循环就能百分之百成功的，当求职或创业再遭挫折时，需要再一次回到沟通阶段提供线索，以确定沟通阶段所存在的职业问题是否得到了很好的解决。如果没有解决就要重新开始一次 CASVE 循环，直到职业生涯问题被解决为止。

可见，进入执行阶段并非意味着万事大吉，反而是另一次 CASVE 的开始。在认知信息加工理论中，除了对自我和职业知识，在CASVE决策过程之外，还有很重要的"执行加工阶段"，即对决策状态进行觉察、监督和调控。

通过这个过程，可以思考是否需要更多关于自我或者职业的信息？是否已经完成了决策过程？该做哪些调整？

需要掌握三种特别重要的技能：自我对话、自我觉察和自我监控。

1. 自我对话（self-talk）

是自己在内心对自己说话，虽然多数时候只是一种一闪而过的念头，但对自己的行为有很大的影响。

自我对话可以是积极的，也可以是消极的。积极的自我对话能够帮助生涯决策执行者克服执行中的困难，给自己打气，告诉自己"我一定能做好这项我喜欢的工作"。消极的自我对话常常会和求职、新职业或创业中的困难相关联，暗示自己"我不可能得到这份工作""我做不好这份工作""我的创业快要失败了"。

面对困难，积极总比消极好。积极的自我对话具有两点好处：①让个体对即将开始的行动产生一种积极的期待。②提升行动信心，强化积极行为，个体会为此付出更多努力。

而消极的自我对话所能产生的后果与上述两点正好相反，会使原本良好的职业生涯出现问题，让本就出现问题的职业生涯更加雪上加霜。

最好的自我对话方式，就是找个安静的地方，找个舒适的姿势（打坐或躺着），放上一首冥想的音乐，在平静放松之中，进行自我对话。

想想这一天最重要的事情，无论是好的还是不好的，它们给你带来了哪些影响和感受？自己当时是如何应对的？结果是好还是坏？有没有地方值得提高呢？如果重来一次，你会怎么做？等等。

通过自我对话，对自己有一个全面而深刻的认知，让自己在认知上有一个更好的升华。

2. 自我觉察（self-awareness）

自我察觉就像拿一面镜子来照自己，看到自己，当时的情绪，感受，反观自我。让个体知道自己正在做什么和为什么这样做，以及怎样才能保证继续做下去。如果你正在骑单车，你需要对身体、单车和环境三方面进行观察，身体是否疲劳，心情是否放松，车胎是否有气，车闸是否好用，路况是否安全，路线是否正确，距离天黑还有多久等。

人在不同的环境下体现出来的性格不同，但它们哪怕外观上看起来迥异，内里一定在某个地方指向同一个内核。自我观察，就是为了找出这个内核，把无数个外在表现的碎片拼凑成一个完整的人格。它会促使个体更加了解自己和明确实际状况，也可调整身心状态，成为更有效的问题解决者。

事实上，自我觉察程度越高的人，越容易把自己从情绪中拉出来，不容易受到冲动和情绪的控制。即便是刚开始自我觉察的人，也可以在过后对自己进行反观，随着自我觉察能力的提高，也可以帮助我们加快走出情绪的时间。

3. 自我监控（self-monitoring）

自我监控（self-monitoring）是Snyder博士于1972年提出的概念，随着研究的深入，这一概念在不同领域中发展出了不同的界定。认知心理学中的自我监控是一种特殊的认知能力（元认知）和行为，即对自己认知或行为过程的认知，是对认知过程进行的一种观察、审视和评定。

人格和社会心理学领域将自我监控视为一种社会认知与人际交往能力，人们在社会交往过程中需要有意识地维护和保持自己的形象（印象管理），这就需要个体对周围环境有所感知并主动监控、调整自己的行为。

广义的自我监控包括元认知的部分和个体在人际交往过程中表现出的特殊倾向，狭义的自我监控则更侧重于个体根据外部情境的反馈而对自己的行为进行调整的能力。

在决策的实施过程中也是需要监督的，以控制分配给每件事物或每个阶段的时间，在出现偏差或者现实情况发生巨大变化后，应及时调整自己的方式和策略。

自我对话、自我觉察和自我监控是执行加工阶段的三项技能，能够更好地对CASVE决策的执行过程进行监控和调整，使执行更高效合理地进行。

综上所述，这是"实施我的选择"的阶段。

选择完毕，需要实践来检验选择的正确性。小杰瑞通过慎重考虑，最终选择了去做旅游体验师。因为有了缜密的分析、拆解、判断的过程，她此时会觉得未来前所未有的清晰，愉快地制订自己将要开启的行动方案。

压力总是有的，但为了实现理想，她会选择放弃一些东西，要为现在的选择负起责任。具体该怎样做，其实仍是未知，自己还有很大差距，也未能补上。面对这些，她需要再一次进行认知重构。既然已经找到了要走的路，已经在生涯规划的道路上前进了一大步，下一步虽然仍然未知，但毕竟全新的人生开始了，必须努力去实现。

大汤姆在三个近乎死胡同的选项中选择了企业管理者，这意味着他要去创业了。这是他人生历程中的一大跨越，从一个打工人晋级为老板。但未知数太多了，即便他是行动型决策者，也难免会有犹豫。他目前只有产品，还没形成批量生产，包装可以由他自己完成，资金该怎么办呢？联系生产厂家的工作也没有开始。目前的第一步是要注册企业，名字起什么好呢？是自己单打独斗，还是寻找合作伙伴呢？争取投资入股的资料要怎样做才有影响力呢？……但那份埋藏在心底的理想已经蓬勃了，接下来只能更加澎湃。

不可否认，距离开始的时间越近，他的压力就越大，虽然他知道这是自己想做的事情，但具体该怎样实现，都是未知，还要随时面对失败的危险。通过大汤姆的经历不难看出，很多人的难点都不在决策，而在执行。决策做得再漂亮，执行不给力依然白费。

最后总结：CASVE 循环是一个特别好用的决策工具。做决策是一个人人需要的生活技能，系统化的思考可以让我们更加深思熟虑，成为更有效率的人。

第十章　理性分析，感性抉择

理性和感性如同一对天敌，是"有你没我"的关系。在很多人性划分上，也将理性的人和感性的人划分到两个不同的范围内，认为理性的人只有理性，而感性的人只有感性。这是错误的认知。理性的人也有感性的一面，感性的人也有理性的一面，两者都在思考，只是因为性格差异导致思考的结果有差异，从而在同一件事情上做出的决策也有差异。

如同这个世界没有两片完全相同的树叶，同样没有两个能完全做出相同决策的人。对于决策者来说，分析期的理性是必不可少的，因为越发客观详尽的数据越有利于看清事物的本质。但决策期的感性同样不可缺少，因为影响事物发展的因素太多，很多都需要感性一些才能得出更好的判断。

同类选项与异类选项的区别

在上一章，我们全方位地了解了如何通过CASVE进行职业生涯的正确选择。在做选择的过程中，列出选项清单，然后按照胜任与否和喜欢程度进行筛选删减。

在所列出的选项中，基于胜任与否的考虑，一定会有和当下从事的职业相似、相近、相同的。这是因为人类天性中的趋利避害让人们总是不自觉地倾向于更轻松就能获得的选项。与原职位越接近，能胜任的概率越高；与原职位越远，能胜任的概率就越小。

所谓同类选项，是与目前所从事的职业同类型的，那么异类选项就是与目前所从事的职业不同类型的。

这就和我们常听到的"舒适区"相似，只不过这里的"同类选项"和"异类选项"更多是指决策清单里的选项。

一个人想要在未来的日子里呈现上升趋势，有一个很重要的前提，那便是要有不沉溺于舒适区的意识。这种意识越强烈，人生的上升趋势往往越明显。

但在现实生活中，往往一个人在没有特殊情况或者突如其来的转折下，是不会主动跳出舒适圈的，人都会妥协于目前的舒适，毕竟这是自己最熟悉的环境，紧张和焦虑就会减少很多。事实上，跳出现有的舒适圈需要非常大的勇气。

20世纪改革开放之初，极少人选择下海经商，在短时间内积累了大量财富。很多在国有企业上班的工人也看到了有的人经商发达了，对于财富的羡慕人人都有。但愿意下海做弄潮儿的人却少之又少，甘愿守着每个月百十块钱的工资生活，他们认为这些钱也够过日子的，那么为什么要去做生意？而且自己从来没做过生意，被骗了怎么办？赔钱了怎么办？不想大富大贵的人们愿意平平凡凡过一生。但国有企业改制的号令下达后，愿不愿意自谋生路的人们都被推向了市场，成为被动的裸泳者。而且生意浪潮中的人忽然增多了，蓝海逐渐变成了红海，钱不再那么好赚了。

这些原本有机会主动下海的人，一年年地观望，一次次地错过之后，成为被动下海的人，由舒适区一下子跌入不适区，其间的煎熬可想而知。

尼采说："每一个不曾起舞的日子，都是对生命的辜负。"当一个人对现状心满意足，日复一日去做同一件事情，不再主动花时间提升自己时，只会被动地在舒适区丧失生机，就像温水煮青蛙。同样，主动去做会让自己有更大的回旋余地，自己的准备也更加充分。被动去做只能随波逐流，弄不好很快被淹死。

沉溺于当下的舒适区确实是有风险的。但贸然走出舒适区，同样不提倡。因此笔者给出两个小建议：

1. 别盲目走出舒适区

如果目前的工作让你感到轻松，或者说你目前的生活、学习状态是比较舒适的，这其实没什么问题，并不能就此断定你就是不求上进的。换言之，你没必要非得做出改变。

因为有些人做事很主动，看到潮流在哪里就立刻加入人潮当中，不管对不对，做了再说。这种习惯性盲目跟风，随波逐流的主动，为改变而改变，从不根据自己的实际情况来做决定，这种主动和努力，美其名曰"走出舒适区"，是逼自己一把。其实往往都是在没有了解自身实际情况下的盲目行动。

没有意义和价值的努力，还不如不努力。

2. 舒适区的区域越大，人生越美好

不少人认为，走出舒适区就是离开现在的环境，进入一个令自己不舒适的区域里去受苦。这样的理解其实也没错，走出舒适区确实会面临着痛苦和挣扎，这是成长路上不可避免的。

但笔者想说的是，我们不要以一种痛苦的视角去看待走出舒适区这件事，因为这容易令人产生畏难情绪，从而影响行动力。实际上，关于走出舒适区的正确打开方式是"努力拓展舒适区的区域"。

假如你每天告诉自己要走出舒适区，去折腾自己以获得更好的生活，这会让人深感压力，后继无力。因为我们想要的是更舒适、更高级的舒适，而不是完全离开舒适区，不是自找麻烦。

所以，每天提醒自己"不断扩大自己所在的舒适区"，才是符合人性的，符合自己内心需求的，增大个人的主观意愿。

例如作为一个职场人，我们可以通过网络课程去学习所需的职业技能，也可以请假去上课，没必要完全辞职去学习。同理，一些如网上直播带货，写文章去投稿，设计海报等副业，都可以通过业余时间去完成。而你的个人精力，就是你扩大舒适区的代价。

此外，我们还要清楚，每个人对舒适的定义不同。

对很多打工人来说，在所在城市里有房有车过上安稳的生活，就是他们心目中的舒适。但对于在音乐道路上的追梦者来说，哪怕居无定所只要能让自己的音乐被更多人听到，影响更多人，就是他们的舒适。对于基层上班族，钱多事少离家近是他们的舒适。但对于创业者来说，不断面对新挑战，践行自己的新想法，才是舒适。

因此我们要知道，他人口中的不舒适对你来说也许就是舒适的部分。

笔者的一个朋友非常喜欢篮球，虽然没机会成为篮球运动员，但只要能从事和篮球相关的职业就非常开心，例如成为篮球比赛的解说员，也是不错的选择。

但在毕业后择业时，他询问了一轮身边的亲戚朋友，没有一个人建议他从事这样的职业，原因是他们都觉得从事这个职业很困难，晋升空间不大，赚钱也没传统职业多，说白了就是没前途。于是他从事了10年的网站运营工作，这与篮球解说员可谓相差十万八千里。

如今年过四十，过了网站运营职业的黄金年龄段，中年危机让他必须跳出舒适区，然而如今比十年前的可选项更少了，想成为篮球比赛解说员的愿望似乎彻底没机会实现了……

笔者通过这个案例告诉大家的是，当你遵循自己的内心选择了一条少数人的道路，希望你也清醒地认识到，什么才是你的舒适区。

一些异类选项虽然看起来不太友好，但往往承载着你的兴趣和理想。我们在选择改变现状时，会优先考虑自己喜欢的。只是我们有时候对未知的选项产生疑惑，不清楚能否胜任，从而心生恐惧，甚至退缩。哪怕我们通过请教他人，得到的答案也只是他人根据自身的经历而给出的主观建议并不一定适用。

所以搞清楚你专属的舒适区，以及能接受的不舒适，才能在一堆同类选项与异类选项中筛选出真正适合你的选项。

相对于不舒适区的"面恶心善"，舒适区就是"面善心恶"。看起来跟你十分要好，保护着你让你免遭痛苦，但一旦哪天它玩够了，想离开你了，将会非常绝情，头也不回地将你孤独地扔在原地。任凭你被风吹雨打，它给予的只有冷笑。

那些不舒适的部分，刚接触时确实会让你浑身难受甚至放弃，但当你真正和它拥抱，并肩前行，你会发现它是一个真正的朋友，一个能够帮助你实现愿望的贵人，一个能让你变得闪闪发光的推助者。

现在你应该弄清同类选项和异类选项的区别了，一个让你先甜后苦，一个让你先苦后甜。

同类选项用决策平衡单

当我们发现了自己感兴趣的职业方向，也已经锁定了几个候选项，并对这些选项进行了深入了解，依然需要专业工具的介入，帮助我们进行多方位对比，发现更为隐蔽的优劣点。生涯决策平衡单就是这样的工具，通过赋值量化把面临的选择进行分数化，以便我们更有条理、更客观、更具体地看待每一个选项。

生涯决策平衡单的选项会从四个方面进行分类考虑，统称为选项考虑因素，前文中已提到。

最后，笔者要告诉大家，生涯决策平衡单本身只是一种工具，在使用过程中需要注意强调的是过程的重要性，而不能局限于最后的计算结果，你的自主思考、全面考虑和对决策产生的新认识才是最重要的！

异类选项用决策体验单

决策本身意味着取舍，每一个可以让我们选择的选项都会把我们带向不同的人生，我们将通过决策体验单来尝试哪个选项更适合我们。

现在，带着你的选项开始吧！看看被选中的选项能给你带来什么好处，再反过来看看能给你带来什么挑战？你面对这些挑战能采取哪些措施？被选项得以实现后，一定会有一种感受，我们要去体验这种感受。

生涯决策体验单的实施分为五个流程：

（1）选项：你要选择哪一个选项来体验？

（2）价值：这个选项会给你带来哪些价值？

（3）挑战：这个选项将使你面临哪些挑战？

（4）行动：对于挑战你能够采取哪些措施？

（5）未来：想象这个选项未来的感受是什么？

下面正式进入这个流程。我们剑走偏锋，这一次以考研为例，并结合考研具体情况列出决策体验单（见表10-1）。如果你是一位在校大学生，可以在进入职业生涯之前，先来感受做决策的心路历程；如果你已经是一位职场人士，请以过来人的身份回顾自己做过的那些决策。

表10-1　生涯决策体验单

项目	具体内容
选项	考研二战
价值	2019年，XX市高校毕业就业补贴政策中，给予博士研究生最高35万元补贴，硕士研究生最高15万元补贴，普通高校本科全日制毕业生最高3万元补贴。 顺利的话，在3~4年内将有资格考博士，真正享受高学历带来的优势——获得更高的补贴，获得更好的工作机会……
挑战	非常不喜欢英语，但必须要考过国家线。 以2019年XX市的职场新人的普通薪酬为例，如果找到一份不错的工作，月薪约4500元，一年保守估计5万元，三年至少15万元（暂不考虑升职加薪）。 考研二战失败，心态很难调整，会陷入不自信中，将对未来产生严重影响……
行动	在未来的10个月内，如何分配英语的学习时间，做好每个阶段可执行的计划，如每天写一篇作文，做五篇阅读理解，背50个单词…… 设定一个时间底线（一个月或两个月）寻找心仪的工作，如果没有找到就全面转向考研二战。 在备考之余，阅读心理学方面的书籍，重点在于化解遭遇严重挫折后的糟糕心态……
未来	考试结束后会有两种结果：如愿考取，升入某大学读硕士研究生；再次失利，将被迫进入"社会压力大学"深造

我们选择的考研对象并非第一次参加考研的应届毕业生，而是一战时成绩不理想或者单科受限制的。他们需要在两个选项中做选择，是否"二次参战"，再考一年？是否放弃考研，步入职场？

（1）选项步骤：我们将考研二战作为第一个选项填入表中。

（2）价值步骤：做的每一个决定，从根源上说都应是对我们有利的，有价值的，或者近在眼前，或者过一段时间才能显现。那么，一定要分析清楚，做出的决定对我们的价值是什么，否则很快就会陷入动力不足。

请思考：如果通过二战考上了研究生，到底能给自己带来什么价值？短期价值有哪些？长期价值有哪些？请把这些内容依次填写在价值一栏内。

（3）挑战步骤：事物都有两面性，不能只想着价值，还要想到会失去什么？最直接的是失去了在春季招聘中选择一份好工作的可能性。最大的损失可能来自考研失败，如果二战而未如愿，对考生本人的打击将非常大，还会影响未来的应聘，需要向招聘者说明简历上的空白期。

（4）行动步骤：列完挑战难免纠结、焦虑，最有效的应对方法是行动起来，针对每一项挑战都制订行之有效的行动方案。

（5）未来步骤：做决策的目的就是争取获得期望中的未来。因此，在列完之后停下来好好想一想：这是我想要的生活吗？

做完生涯决策体验单还需要进行自我审视：

将刚才所呈现的所有信息对自己重复一遍。假如选择了×××项，那么接下来某一段时间里，我们将获得的好处有哪些？我们必须面临的挑战有哪些？对于这些挑战，第一条我们应对的方式是……第二条我们应对的方式是……然后继续想象，未来会……

世上没有完美的决策，最好的决策就是不会后悔的决策。

理性分析做依据，感性分析做动力

首先，我们可以了解一下理性决策：

理性决策是古典决策理论中提出的概念，但在后来的实际运用中，被认为是一个比较理想化且不可被实现的概念。理性决策最早是建立在传统经济学上的理论，主要用于解释经济市场的决策现象。

在决策的时候，人们会特别强调理性，但是我们知道，在决策时是很难做到完全理性，毕竟人类都不是机器人，除非经过后天特定的锻炼，否则驱动人类去执行决策更多的是情感因素。

非理想状态下的决策是复杂多样的，过程中不存在绝对的理性和绝对的感性。现实中的"感性"和"理性"不存在一个明确的界限，没有统一的定义。一个人在做决策时，获取的信息通常是有限的，而且存在比较大的个体差异，这导致了两个问题：

在有限信息下做出的决策看起来是理性的，但在有更多信息提供时可能是感性的。例如，很多人经历过的情侣因误会闹分手，在了解实际情况后的后悔。

一个人做的决策对当事人来说是理性的，但在第三者看来可能是感性的。同样以情侣闹分手为例，第三方看来诱因可能不过是个别的、偶发的可以忽略的小问题。

在柏拉图、苏格拉底时代，理性和感性是对立的，但是今天我们回头看，理性和感性并不是对立的，感性是理性的素材和基石。两者不可分割，也不能单独存在。

从信息加工的角度来讲，理性很大程度上是来自周围的刺激，或者叫信息输入，这些都是通过感知获得的。

做出理性决策，要在感性和理性之间平衡好。这种情况下，我们既不会被冲动的魔鬼所控制，又不会因为你过于理性而变得冷漠无情。

如果一个人只有理性而没有感性，这个人将毫无温度可言，纯理性也并不利于问题的解决，毕竟人是感情动物，冰冷将给他人带来伤害。如果一个人只有感性而没有理性，这个人就太过理想化和情绪化，纯感性更不利于问题的解决，反而会因为情绪发作而使事情更加糟糕。

本书的核心是如何规划职业生涯，规划分析的过程离不开理性，但在具体执行的过程中也离不开感性，理性能让我们更快发现问题，感性能让我们尽快解决矛盾。

一个优秀的职场人，一定是理性和感性的结合体，理性和感性所占的比例不是固定的，而是随机的。遇到需要理性多一些才能解决的问题，就调用理性思维；遇到需要感性多一些才能解决的问题，就调用感性思维。

在职场中，不少人觉得女性的情感反应比较细腻，同理心和共情较强，不利于做出理性的决策。但其实这是一把"双刃剑"，有好处也有坏处。管理者经常要面临决策，一个人如果在情绪化状态中，往往是不容易做出理性决策的。

但是，神经科学家达马西奥提出了一个颠覆性的观点，他说，一个真正理性的决策一定要有情绪的参与。

我们判断一件事要不要做，取决于内心的感受，这个感受恰好就是情绪中最主要的特征。当一个人做出决策的时候，如果他能够遵从内心去感受一下，如果我这么做，后果会是什么样？这样反而有利于我们做出一个比较理性的决策。从这个角度来讲，女性在做决策的时候也是有优势的。

在电视剧《她们创业的那些事儿》中，身为董事长特助的公冶小茑能力极强，做事果敢，处事稳健，非常理性。而身为前台迎宾的林美季则有极强的交际能力，善于圆场，能够与各色人等打成一片。

在所有人眼中，不苟言笑的公冶小茑是绝对理性的，但她也有感性的一面。当发现企业设计夏芷被上司刁难，她没有因为自己身份高就袖手旁观，而是几次三番出手相助。

在所有人眼中，林美季都是一副爱钱的样子，她应该是很感性的，随心所欲地活着，其实她做事时确实非常理性。一次，一个客户羞辱被上司赶到前台的夏芷，林美季及时出面解围，而那个客户不知好歹想要顺势占些便宜，林美季灵活地闪身躲开了，但仍然笑容满面地引导客户。

在所有人眼中，夏芷是一个逆来顺受的人，她不会反抗，她绝对忠诚，她无怨无悔。人们看不出她是理性还是感性。但当她对恶心上司忍无可忍时，当她看到保洁大姐遭到企业其他管理人员无辜解雇时，她爆发了，她选择了感性，为保洁大姐出头，在企业硬顶上级。爆发过后需要平静，为解决保洁大姐的工作问题，她又选择了理性，将对方介绍到了父亲的面馆内，即便父亲一个人也忙得过来，她还是说服了父亲。

正是这三个性格各异的女人，最终走到了一起，开始创业。其实，这个合作并没有那么顺利，过程中伴随着理性和感性的交织。

公冶小茑是企业特助，曾被企业派往欧洲留学三年，回来后将企业进一步做大，成为业内翘楚。如果她继续在企业做下去，前途也是光明的。而且她还有一个几乎不为人知的身份，某国际级大企业老板的女儿，含着金汤匙出生的她本不需要太拼，但她还是选择了继续拼搏，而且是离开多年的舒适巢穴，进入一个对她来说相对陌生的竞争环境。

相对于公冶小茑，夏芷和林美季都是企业基层员工，她们没有好的出身，也没有强大的资源，就是凭借自己的能力立足社会。

夏芷的性格有些逆来顺受，即便在企业遭到上司的欺负也没想过要辞职，在被调到前台的八个小时里，她只是抱怨着站立时间太长腰酸背痛。当公冶小茑跟她说想拉她入伙创业时，她有些发蒙，这么多年极少得到有能力的人的赏识，怎么就会被这个特助看重了呢？"创业有风险，入行需谨慎"的道理她明白，一旦自己离职创业，失败了自己将去哪里呢？理性分析过后，她认为这对自己来说是个难得的好机会，为自己的企业工作总好过为别人的企业工作。而且凭借自己的交际能力，想要在职场有所发展是非常困难的，创业是自己唯一能出头的机会。感性分析后坚定了她辞职创业的决心，想一想如果成功了，自己也会得到梦想的财富、地位、荣誉，甚至是爱情。

林美季很小就出来打拼，凭借一股拼命精神和开朗乐观的性格，她在工作之余还开了家网店，已经积攒了500万新台币。当夏芷希望她也能辞职创业时，她同样犹豫。在企业里，虽然只是前台人员，但背靠大树好乘凉，凭借自己的交际能力，她结实了不少成功人士。

而且她运营的网店效益很不错，创业后还能有时间打理吗？她也需要理性分析，自己为什么要开网店，就是想多挣些钱，这也是一种创业行为，而加盟一家创业企业，等于将自己的创业之旅延展开，或许她曾结下的人脉都能派上用场，而不至于只停留在通讯录里。再进行感性分析，网店生意已经见顶，自己文化水平不够，想要继续发展几乎不可能，现在有机会加盟一家企业，跟着有学问有能力的人干，既能弥补自己的弱项，又有机会赚到更多的钱。最终，三个女人演绎出了她们的创业故事。

创业从来都是艰难的决定，既关乎财富，也关乎存亡。但仍然有很多人选择创业并且创业成功，这是他们理性分析加感性分析的结果。

第四篇
看清行动：用行动把道理变成自己的答案

第十一章　行动规划的六个层次

行动是将计划变为实际的唯一途径。但行动不是随便而动，而是应依照规划而动，做到不动则已，一动惊人的效果。本章就借用国际顶级NLP大师罗伯特·迪尔茨（Robert Dilts）逻辑层次模式，我更喜欢称它为行动能量塔，将行动规划分为六个层次，对这六个层次分别进行剖析，看清行动的本来面目。从单纯精神层面的愿景到具体的行动方案，从行动中的角色到行动后的价值，从行动所需的能力储备到助益行动的环境氛围，可谓缺一不可。

用"画面感"激发行动力

我们已经在前言中了解了行动规划有六个层次，但是呈现仍不够形象，下面以图片形式将层次展开（见图11-1）。

愿景对应的意义是：我与世界的关系；

角色对应的意义是：我是谁；

价值对应的意义是：为什么；

第四篇　看清行动：用行动把道理变成自己的答案

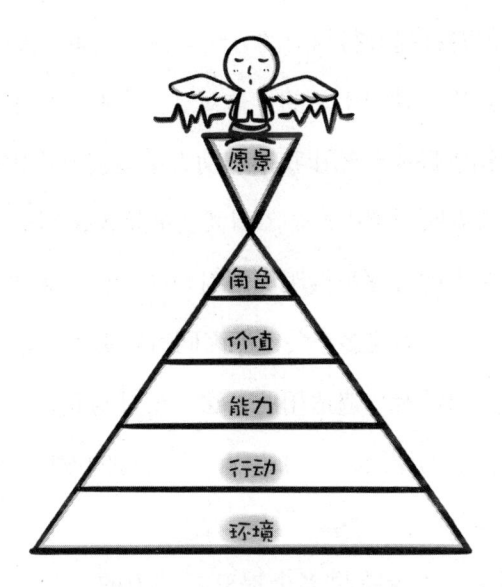

图11-1　行动规划的六个层次

能力对应的意义是：如何做；

行动对应的意义是：做什么；

环境对应的意义是：时、地、人、事、物。

在讲"愿景"前，笔者想了解一下，你有没有遇到过这样的情况：你对研究做饭可能很有行动力，但对运动就没行动力；你对考证复习可能很有行动力，但对写文章就没行动力；你对团队管理可能很有行动力，但对销售签单就没行动力。

为什么会这样呢？因为我们在不同事情上的行动力不足往往是由不同的原因引起的。

有时可能是缺乏动力，例如你现在身体健康，也没有想取悦的人，因此运动的动力就不足了；有时可能是畏难不敢行动，例如你见人就脸红，但现在不仅要你上门去见陌生客户还要强行推销，对这种事你肯定是能拖就拖，毫无行动力可言。

但我们学习的各种提升行动力的方法往往只从单一原因入手。

例如奖励法是用于动力不足的，这对于提高我上门推销的行动力就没什么帮助，因为销售提成已经让我很有动力了，但天生内向脸皮薄的这个障碍无法被动力所克服，克服这个障碍需要的是脱敏训练。

有些提升行动力的方法虽然跟原因对口了，但很多事仅行动力的提升解决一个原因还不够，需要多个关键原因同时解决才有用。

其实提高行动力没有普遍适用的方法，要针对具体的事来说，找出导致这件事行动力低下的原因，针对原因采取对口的方法，行动力就会很快猛涨。

接下来笔者会为大家提供多个提升行动力的方法，以应用在不同场景、不同事件中。

所谓用"画面感"激发行动力，通俗解释为"内心对行动后的情景期待"。画面感即情景，用行动后的期待来激励行动力，是开始行动的第一步，也是行动开始前的预热。

画面感是将内心的期待具体化、可视化，有点幻想的成分，但不是真的幻想，而是设想脚踏实地努力后的情景。可以分为五种情况：

1. 想象一下，假如问题解决了……

问题存在总是让人心烦，所以要想办法解决。我相信，所有人都希望问题能够快点得到解决，并且能够完美解决。这是人性最根本的愿望，希望自己不被问题干扰，能够愉快地、惬意地、无忧无虑地生活。这里的愉快、惬意、无忧无虑就是一种画面，是人们终生追求的。

画面场景主要是给人一种代入感，它是具有力量的。具体是通过"可实现的未来场景"体现的。只要对未来的场景有所憧憬，那当下的困难就有希望解决，而自身就有了行动的动力。

前进路通常都不会一帆风顺。当你处于一个逼仄、痛苦的物质环境或者一种精神感受中时，一定要更加坚定自己的内心。时刻谨记自己的希望。希望是一件美好的事情，人活着就需要有希望，不然就犹如行尸走肉一般，终日漫无目的。

笔者早年在工地做机械技术员时，因为不喜欢那份工作，每次遇到较大难题都面临崩溃，为了激励自己去解决，就会想象问题解决之后的情景。那种如释重负的感觉让我着迷，为了让这种感觉尽快变成真的，我必须尽快行动起来。因为我知道那些希望带给我的美好结局不是谁给予的，而是自己给自己的。

2. 在你看来最理想的状态是……

最理想的状态一定是以自己的感受为准，自己处在理想的状态中才算数。之所以要强调这一句，是现实中的很多人不清楚何为自己的理想状态，以为达到了别人认可的就是理想状态。

进行生涯规划必须改变这种错误认知，自己的职业生涯，自己的人生，自己在奋斗，自己在付出，一定要以自己的感受为准。如果自己感觉状态并不理想，即便外界认为你还不错，你仍需要做些调整，以便达到或接近自己期盼的理想状态。

我们经常会看到这样一群人：生活状态糟糕得一塌糊涂，车、房、存款一样也没有，但他们就是活得很潇洒、很通透。

例如之前的网红"当代孔乙己"沈巍，他是一个流浪汉，一无是处，但听他说话，你会觉得很有道理。他致力于垃圾分类，但现实生活并不能满足他的期望，他与生活对抗，与现实对抗，或许他并不能得到什么，但他一直在努力的路上。

你可以笑他一贫如洗还自命不凡，但是他对理想生活和现实的态度却让人钦佩。

那种无论现实情况如何，无论他人怎么评价，都不妨碍为了心中的理想状态而流浪与远行。

笔者从大学毕业后，每一次工作调动，几乎都满足了家人亲友对我的期望，他们认为我应该停下脚步了，但我自己并不满足，我还没达到自己的理想状态，仍然要继续行动。

3.具体达到哪些标准，你会认为愿景实现了？

个人愿景是发自个人内心的，真正最关心的，一生最渴望达成的事情，它是一个特定的结果，一种期望的未来或意象。愿景绝非好高骛远的空想，而是要有具体的目标，并为目标设定标准，目标可以高端一些，也可以平凡一些，标准可以高一些，也可以低一些，都没关系，那都是你的愿景。只有按标准达到目标，你的愿景才能称为实现。

明晰的愿景，往往是很好的驱动力。合理利用好这种愿景，对我们规划的稳步推进起着良好的推动作用。

当初，笔者进入佛山市某街道办后，外界认为我会在仕途上走下去，因为我终于脱离了极其不适应的工地，一跃进入了事业编制。我也很珍惜这次机会，一方面不能辜负组织对我的信任，另一方面也要不断提升能力更好地为人民服务。

因此，虽然笔者很清楚自己并不属于这里，但我仍然给自己制订了高标准的目标，绝对不能混日子，要努力工作，每天早到晚走，周末主动加班，参加组织的各种学习，遇到重大事件和重点工作，主动申请抽调参与。业余时间也安排充实，因为对法律和职业规划有兴趣，拿到了法律硕士学位，并阅读了大量的职业生涯规划书籍，并发表了相关文章。

在达到了自己制订的目标后，在离开时内心坦然，时间在我的孜孜不倦中成为个人能力提升的最好见证。

4.你能接受最晚达到愿景的时间期限是何时？

毫无疑问，人们总对"截止日期"这个词感到压力十足。迫在眉睫的截止日期的好处便是，鼓励我们抓紧最后一刻完成任务。毕竟，如果没有它，许多人定下的目标永远不会实现。

设置期限的部分激励作用与心理学家所说的"目标梯度"效应有关，人类或动物具有接近目标时加快行动的效应。当我们接近期限或接近完成一项任务时，会减弱其他事情对自己的诱惑。

所以我们需要给自己设定工作完成期限，以消除不良状态和能力不足对工作造成的负面干扰。相对于一项工作，人生更需要设定期限，在某个期限内必须达到某个目标，当所有阶段目标都达到后，愿景便实现了。

但因为人生期限是没有监督者的，很多人无法坚持在期限内实现目标，造成了"无志之人常立志"的情况。关于这种情况，不要寻求外界能给你什么帮助，完全看自己对人生的解读。有的人理想高远些，有的人理想很现实，这是不能强求的。但既有野心又不想努力的人，我只能说一句"好自为之"。

我给自己设定的创业期限是40岁，很幸运我在这个期限之前实现了自己的愿景。接下来我也设定了在某个年龄节点将企业带到怎样的高度的目标，并正在为目标而努力着。

5. 你希望在愿景实现后看到、听到、感受到什么？

达到愿景后，你希望你的人生是怎样的？不要只想着吃、喝、玩、乐，为了这样的目的打拼不值得。我不能让所有人都有大志向和博爱之心，但还是要有一定的思想层次，方能对得起自己多年的艰辛奋斗。

当我实现愿景后，在我身体尚可时，我希望能够继续帮助更多的人走出生涯困境，在我年老时，我希望能够伴着美好的回忆，浅斟低唱一杯即可。

优化调整，角色升级

每个人的一生都有很多种角色，家庭中会是父亲/母亲、儿子/女儿、丈夫/妻子、儿媳/女婿；工作中可能是老板、股东、中层管理者、基层管理者、普通员工等；意识形态中可能是成功者、奋斗者、迷失者、叛逆者、无所谓者等。

无论是哪种角色都有相对固定的人设，也有可以发挥的空间。有尽职尽责的员工，也有玩忽职守的员工，虽然角色都是员工，但内在却相差极大；有的成功者依然保持谦虚，有的成功者却已经忘乎所以，在别人眼中都是成功人士，但可以想象未来的路径必将不同。

之所以先对个体的社会角色做简单阐述，是因为职业生涯规划同样离不开角色的设定。一个非常希望取得成功的人和一个没什么野心的人，其角色设定必然不一样；一个在职场打拼的人和一个独立创业的人，其角色设定必然不一样；一个经历过失败的人和一个始终立于不败之地的人，其角色设定也必然不一样。

篇幅所限，我们不对各类角色都做探讨，而是根据生涯规划的需要对角色的投入和调整进行展开阐述，看看在为实现愿景拼搏的路上，角色应该如何助力。

行动是实现计划的根本，也是通向成功的必然方式。那么，成功实施行动所需要的能力项在开始时必然有所缺损，生涯决策行动者需要为行动提高所需的各项能力，而每驾驭一项能力就等于行动者增加了一个新角色。

同时，一些原本具备的能力项也会因为生涯决策者的行动不断升级而成为弱项，需要行动者不断针对变弱的能力项投入时间予以进补。

因此，这便引发两个问题：

1. 为实现这个愿景，下一阶段你会增加什么角色

某员工进入一家创业企业担任文案策划职位，在本职工作上她能力很强，但在网站运行方面却能力一般，但企业认为文案工作若能参与到网站运行中，不仅对提升文案水平有好处，对网站运营也能提出独到的见解。于是，该员工开始进补网站运营的知识，阅读＋实际操作＋向运营主管请教。时间为证，她终于为自己加上了网站运营文案策划的角色。

一位创业者从开始行动的那天起，他的角色就不断增加——推销员、送货员、推广者、产品经理、产品研发者、市场调研员、客服，如今又多了一个更奇葩的角色——大爷大妈的知心人。

必须注意，不是所有欠缺的能力角色都要去扮演，毕竟有的能力是没有时间学习提高的，还需要团队的个体协同合作才能完成。例如，马云创立阿里巴巴时不会写代码，在其他人都忙碌于鼠标键盘之间时，他要做的

不是弥补此项不足，而是在其他方面继续提供自己的价值，去增加对团队有益的新角色。

2. 现有的角色中，是否所有角色都对你有用

其实，很多优势都是被所谓的劣势逼出来的。

例如一个优秀的作家，写起文章来妙笔生花，字字珠玑，但可能他在平时的生活中是一个不擅交际、木讷寡言的人。深居简出，将所有注意力都集中在读书和写文章上，反而另辟蹊径，成就不凡。

要想实现正向转化，最有效的方法就是付之于行动。通过行动，令你隐藏着的潜力喷薄而出。

所以，没有绝对的优势，也没有绝对的劣势，优势和劣势随时可以转化。为了让你更好地扮演某个阶段的角色，需要你阶段性地不断提高自身，换言之，不存在对你没有用的角色，它们在生涯的不同阶段都有促进行动的作用。

认识自己人生不同阶段的不同角色，扮好每一个角色，做好角色与角色之间的交接及平稳过渡，这对每个人的人生至关重要。就是这些不同的角色组成了一个人的人生，人也为了扮好这些不同的角色而不断行动起来去提高自我，尽力让自己的一生无悔。

成功后的价值红利

成功是一定能带来红利的，包括经济红利、名誉红利、地位红利。这些看得见的红利也是刺激人们追求成功的重要因素。但很多人往往忽视了

第四篇　看清行动：用行动把道理变成自己的答案

一种看不见的红利，就是价值红利。

所谓的价值红利并非个人价值衡量，而是个人价值观的体现。任何选择背后都会有动力的驱使和意义的加持，生涯规划的选择与行动更是如此，缺乏动力和对自己没有意义的选项是不会被选中的。

而价值就是事物背后的动力和意义，能够为行动者带来除经济、名誉、地位等可见红利之外的更振动心灵的红利。

1. 为什么你认为×××工作是你最理想的

古话说："三百六十行，行行出状元。"在古代，生产力低下，生活节奏缓慢，行业的种类贫乏，一句"三百六十行"虽然是概括的，但足以代表了当时的行业状况。但在当今时代，变化太快，新生产业层出不穷，各种新兴行业如雨后春笋，只有想不到的，没有不存在的。

那么，这么多种行业中，你为何选中了当下的工作呢？在回答这个问题之前，你需要审视自己选择职业的初衷和过程，只是因为能够胜任，还是源自喜欢，是因为跳不出舒适圈不得不进入，还是因为兴趣而披荆斩棘地进入。这是完全对立的两种状态，看重胜任就难以离开舒适圈，看重兴趣就会选择迎接更多挑战。

如果你仍然在舒适圈内，请不要回答这个问题，因为于你而言工作谈不上理想。如果你已离开舒适圈，无论时间长短，都请你回答这个问题，为什么当下的工作是你最理想的？或者是你比较理想的？它一定达到了你内心中的某种追求，让你甘愿为之奋斗，哪怕遭遇磨难也在所不惜。

2. 为什么成为一名×××行业从业者在你看来是有价值的

行业的价值体现在哪些方面？这是一个仁者见仁、智者见智的问题。有的人认为能为自己带来高收入的职业是有价值的，有的人认为能够让自己得到外界认可的职业是有价值的，有的人认为能实现自己当初的理想是最有价值的。个人想法和追求不同，会在一定程度上左右其对职业的选择。

行业就是社会需求的分类，它决定我们未来发展在知识、能力、资源、信息、眼界甚至思维方式等方面的定型与积累，不重视行业选择是没有智慧的表现，每个时代、每个行业需求量与发展速度都不一样，每个行业都有生命周期，有高峰有低谷，有朝阳也有夕阳，进入一个没落衰退的领域注定失败，选择一个上升中的行业就比较容易走在前面（当然竞争的压力也成正比），个人的力量与趋势比是非常渺小的。

男怕入错行，女怕嫁错郎，这是非常正确的思维，在我们刚开始时，行业的重要性是看不出来的，只有你在一个行业干上 3~5 年你才能深刻体会到行业对你个人发展的巨大影响。行业的选择是个人发展的战略方向，只要选择的职业和从事的工作是自己甘愿为之付出的，在成功之后都会给生涯决策行动者带来价值红利，帮助其实现自己所期望的价值。

3. 这样选择背后的理由是什么

这个世界没有无缘无故的爱，也没有无缘无故的恨，任何选择都是有理由的，存在即合理。

现在请回想一下你当初选择当下职业的理由——因为经济原因？因为家庭原因？因为能力所限？因为现实所迫？因为实现理想？因为生涯发展？因为兴趣爱好？因为……答案何止几十上百种，似乎每个理由都是有道理的。

一般，我们选择一份工作多会以以下几点作为依据：

（1）从自身开始思考如何选择。通常，人们总会从外部条件入手思考该如何选择录取通知。例如，有人考虑最近产品经理工作热门，从而选择和产品相关、企业环境很好或待遇很高的工作，等等。

但在考虑这些外因之前，首先要思考自身（自省），例如我想要做什么？我能得到什么？这份工作能让我几年之后成为什么样的人，过什么样的生活？等等。

（2）从目标出发，倒推实现步骤。倒推能清楚地分析实现目标的各个阶段，从而判断当前所处阶段，进而分析如何选择才能有效到达下一阶段，并清楚应从当前的选择中获得什么。

我们可以利用多渠道获取信息，辨别其中真假，结合自身实际寻找合适的道路，制订合理的方案。

（3）找到足够的动力。如果没有动力目标就很容易变成做白日梦。诸如，很多人都对第二天充满了幻想，但到第二天起床后却一切照旧。要知道，只有行动才是将梦想变成成功的关键。

（4）判断企业红利，是否符合当前阶段需求。企业红利不仅是股票、期权等待遇福利，还包括平台空间、成长速度、稳定安逸等。

一家企业从创业到成熟，红利不断变化，这种红利一般是从物质经济向综合素质变化和延展。例如小米成立初期，带给员工最大的红利是财务自由，进入小米后见到好多真土豪；小米发展中期，带给员工最大的红利是成长迅速，一个新员工可以迅速负责一个业务；还有大家耳熟能详的铁饭碗，所谓的红利就是稳定。当然红利往往是多元的，并且是时刻变化的。

因为对企业红利的选择不具有普世性，而是根据自身情况和需求确定的。所以我们要结合前面的三点，弄清楚当下自己需要什么。再判断什么样的红利适合自己。但由于红利的多元性和变化性,所以要在选择录取通知前充分了解企业的红利状况。同时红利往往伴随相应的风险,例如高收入伴随高风险、快速成长伴随过度劳累,等等。

就像笔者自己,走出校门后几份工作的选择也是基于有道理的原因。选择去工地是因为家庭条件不允许那时的我有其他远大的、不切实际的想法;选择参加公选考试进入佛山市某街道办工作,是因为我实在不适应工地的工作方式和工作环境;选择从事业编制离职进入一家上市企业在广东的子企业做运营总监,是因为我要在市场范围内熟悉和学习在行政、人资、公共关系和法务等方面的问题,以提升运营企业所需的核心能力;选择从这家企业辞职去创办美好生涯职业咨询机构,是因为我要实现理想,更要最大限度发挥自己的能力。

所以,人生的每一次选择都不能盲目,都要根据自己的现状和曾经的理想有的放矢,让自己一步一个台阶迈上理想的殿堂。

4.如果不能达成愿景的期望,你最不能接受怎样的结果

做选择就要承担选择之后的结果,并非所有精心的选择都会收获让人满意的后果。如果两个步入婚姻殿堂的人都是经过认真选择的,发誓要托付终身,但仍然有很多曾经相爱的人最终走散了。

职业生涯的选择也是如此,在经过精神的分析与归纳后,我们选择了最适合自己的职业,但并不意味着一定会有预期的收获。在职业前行的过程中必然会有很多无法预料的突发事件会阻挡你的脚步,让你最终无法抵达目的地。

因此,你在做选择之前与之后,需要做到"未料胜,先料败",如果愿景没能达成,你能接受的最坏结果是什么?

这并非消极的说法，毕竟谋事在人，成事在天，没有万无一失的选择。不要把自己逼入只能进不能退的境地。笔者也曾有过几次类似的经历，由于自身选择出现了问题，结果把自己逼到有进无退的境地，最终花了很大力气才渡过难关。

路要越走越宽，不能越走越窄，如果此路不通，那就赶紧换路前进。这个问题是残酷的，我们不做推测和预料，只希望大家在每一次选择时都要认真谨慎，做出选择后要勇往直前，遇到挫折时要坦然面对，即便失败了也要勇于接受。

行动需要能力准备

人从呱呱坠地那一刻，就开始有意或无意地学习生存所必需的技能，然后逐渐长大，生存能力也越发强大，直至成为一个能够独立生存的个体。

能力是要通过不断学习积累而获取的，其间的不同之处在于能力获取的效率和成长的周期、程度。对于人类最根本的需要来说，获取和提升能力是为了让自己有更大的机会生存。对于生涯决策来说，获取和提升能力是为了让自己在职场或生意场有更大的发展空间，毕竟会得多，涉及的面就广。有了更加广阔的面，自己的职业生涯才更容易拓展。

但能力获取毕竟是一个过程，有的能力先行练就了，有的能力需要后期补充。尤其在准备开始某项关乎生涯发展的决策时，行动者自身所具备的"即时能力"就成为底层系统，这部分能力精神，对行动则更为有利，否则将会对行动产生掣肘。

因此，我们需要发现行动背后关于自身部分的优势和挑战，也就是要充分了解自己的优势和不足，然后扬长避短，让长板更长，短板不短。

1. 如果实现了愿景，可以尽情发挥你已经拥有的哪些能力

每个人的愿景都是美好的，都伴随着成功和喜悦。正因如此，人们在为愿景打拼时才更有动力。

愿景实现后，人们可以有更大的空间支撑自己发挥自身能力。关于这一点很多已经实现愿景的人都深有体会，愿景实现之前与之后的人生是截然不同的，他们的人生更加开阔，世界也变得越发友好。

有一位喜欢跳舞的女孩，大学学的是会计专业，但在她的职业生涯规划中从来没有会计师的一席之地。她喜欢舞蹈，但因为没有打下舞蹈基础，退而求其次当一名健身教练也是不错的选择。她的决定在当时引发了家庭内部的巨大纷争，父母因为她放弃专业而生气。但她主意已定，从零开始学起，入行的新人阶段日子很不好过，她的固定学员少，课时也少，赚的钱也少，来自家庭和自身的压力非常大。但随着她的能力提升，认可她的人越来越多，逐渐升级为健身中心的头牌教练，其他健身房也争相挖脚。几年辛苦打拼的经济实力和口碑积累，帮助她创办了自己的健身中心，实现了一直以来的愿景。如今她拥有的不仅是财富，还有可以尽情发挥自己兴趣的空间。

作为仍在打拼的人，想一想愿景实现后的愉悦，那种可以尽情展现自我的快乐，是不是更能激发我们努力拼搏？

2. 为了实现愿景，你还需要提高哪些能力

常言道：不打无准备之仗。一场战争的胜负由多方面因素决定，因此

在开战之前要进行多方准备，尤其是兵马的实力、战阵水平和粮草筹集。

战争对于一个国家而言是头等大事，生涯规划对于个人而言也是大事。就像战争之前的各种准备一样，为生涯开启行动之前也需要各种准备，将所需的能力尽可能提高。具体是哪种能力，在此无法尽述，毕竟每个人的生涯规划和所需的能力都不尽相同。

一般技能包括"专业技能"与"通用技能"。因为不同职业需要的专业技能不尽相同，所以笔者这里重点介绍一下"通用技能"。

所谓通用技能，也就是软技能，是各个行业职场人都需要掌握的技能。掌握了它们可以让你在职场上更加如鱼得水。随着工作年限的增长，一个人的软技能会越来越重要。我把它分为三方面能力：输入和输出、情绪态度和团队合作。

（1）输入和输出。包括逻辑分析、文字表达、语言表达、学习能力、总结能力、创新力、好奇心。

每个人都需要不断锻炼自己的输入和输出能力。你是否可以快速学习某个知识？在会上你是否可以清晰表述自己的观点？每次项目结束，你是否有复盘总结？你对行业动态和新鲜事物充满好奇心吗？

（2）情绪态度。包括责任感、抗压能力、情绪管理。

情绪和态度决定了一个人的职场状态。你是每天元气满满还是沮丧不已？你是否承担起应有的责任？面对巨大压力，你是否可以很好地调节自己？当你受到质疑时，是否可以控制自己的情绪？

（3）团队合作。包括项目管理、积极主动、沟通协调、反馈意识、执行力、时间管理、主持＆参与会议。

在团队合作过程中，你的软技能会发挥重要作用，你是否可以和同事融洽地沟通？你的项目是否可控？你是否及时给予别人反馈，减少无效等待时间？你的工作时间规划合理吗？等等。

在职场中，通用技能和专业技能犹如双臂，我们要坚持螺旋式提升，哪个都不能落下，这样才能成为构建T型技能的人才，兼备专业深度与视野高度。往小了说，易于适应社会；往大了说，更有利于事业成功。

具体的计划方案

我们从一个地方去另一个地方，需要地图的指示才能到达，即便是轻车熟路，也是在脑海中形成了成型地图。总归是沿着正确的线路抵达想去的地方，不至于跑偏、迷路。

再细想想，如果路程很长，我们还要考虑中途在哪里休息，在哪里吃饭，在哪里加油，在哪里住宿。甚至还要准备备用方案，如果错过出口就要进入下一站休息，如果身体不舒服就要提前休息，如果没有想吃的食物……如果车辆出现故障……如果酒店都客满了……

很多人认为自己跑长途不会想得这么复杂，其实这只是举个例子，告诉我们做事要有一定的计划性，即便不考虑细节，关键的问题还是要考虑的。所谓"凡事预则立"，没有规划就难有条例，没有计划就难免混乱。

回到正题，生涯规划对于每个人都非常重要，关系到一个人一生的事业走向。毋庸置疑，那些生涯发展好的人都具有规划性和执行力，他们为自己选择正确的生涯路径，然后将在路径中设置里程碑，脚踏实地地向着每一处里程碑前进。

具体需要制订怎样的行动计划，因为实际情况难以估计，不做具体阐述，行动者要根据各自情况制订符合实际的方案。笔者在此强调三个与行动计划有效实施相关的问题：

1. 为了提高这些能力，你打算如何行动

设计的行动计划中一定离不开所需的能力项，要依靠各项能力来执行方案，实现计划。但这些能力项不是一开始就完全具备的，有的可能达到了方案实施的标准，有的则达不到方案实施的标准，有的能力可能还基本不具备，需要从零学起。

此时，你要将思路暂时从方案实施中抽离出来，考虑如何做才能提高尚显不足的能力项，使其达到执行方案所需的能力标准。

常规方法有三种：①参加培训。这是最系统的方法，可以全面掌握能力项的理论知识。②向同行请教。这是最灵活的方法，哪里不会问哪里，一路问一路提高。③进入某企业就职。这是最深入的方法，在工作中实际学习，将干货抓到手。

2. 你需要为此付出哪些行动

无论采取哪种提高能力的方法，都需要自己为此倾心付出，改变一些常规行为，以求更快学成。

例如，参加培训班，需要付出一定比例的学费，还要对理论知识翔实掌握，与老师和同学深入探讨问题。

例如，向同行请教，需要保持谦虚谨慎的态度，认真求知，务实进取，对于他人的善意忠告要谨记。

例如，进入某企业就职，需要做好时间规划和学习规划，认真工作，不能因为是来取经的就不敬业，要知道能够亲临一线学习的机会是不多的。

3. 你接下来的计划是什么

当你已经将能力弱项进补达标后，接下来就要考虑正式开启行动了。但不能因为没有了能力短板就盲目乐观，因为实际操作过程中还有很多不确定因素。在正式开始之前，要对风险进行预估，做到防患于未然。同时对行动进度进行设定，即给出自己各个时间节点，敦促自己在规定的时间内实现各个目标。

在这里，笔者要额外提一下，现实生活中经常是"计划赶不上变化"的状态，那面对永恒的变化，我们就没有做计划的必要了吗？不是的。

有个人为了减肥制订了一周去五天健身房的计划，但中间因为天气、加班、身体状况等因素，很难完全按照该计划执行，于是他就放弃了这个计划。这种行为就是从根本上让计划"屈服"于变化：看起来是计划在变化面前失去了原本的意义，实际上是执行计划的那个人，既没有变通能力，也没有意志力，更没有决心。

变化的出现，是制订计划的经验。从变化中学习制订计划的经验，然后让制订计划的行为变得更加成熟，以制订出更加完善的计划才是变化的真实意义。

变化跟计划并不是处于对立面之中，而是计划在变化中学习、适应，当你可预见的变化在你的意料之内，不可预见的变化也有对应的防范措施时，计划的意义不言而喻。

这不仅是我们掌控生活节奏、工作节奏等更为直观有效的手段，对于我们本身的提升（思维逻辑和执行力）也有非常积极的作用。

生活或工作中，面对突如其来且复杂的变化，也许你不能100%就让计划满足变化的所有要求，但我们更应该拿出积极的态度去面对，去解决。而不是简单抛出一句"计划赶不上变化"，将问题搁置一边，从而让这句话成为放弃努力、放弃挑战的通用语。

创造"马上办"的环境

环境有多重要？两千多年的孟母就用实际行动做出了解释。为了让儿子安心读书，她三次搬家，就是为了寻找具有良好学习氛围的地方。

笔者对环境非常看重，读大学期间，在学习的关键阶段我都会去校图书馆，那里浓浓的学习氛围会让我沉浸其中。我的一个同学是不太喜欢学习的，但每次被我强拉到图书馆，他也能很快进入状态，用他的话说"大家都在学，我想分心都没机会，只能跟着学了"。

对于学生来说，寻找一个能够让自己"爱学习"的环境，对于提高成绩非常有用。对于职场人士来说，如果能有一个让自己"马上办"的环境，对于提高工作效率也是非常有益的。

随着时代的发展，人们想要从工作中得到更多，而不仅是工作本身，人们是为了一定的目的而工作的。特别是现在，"00后"开始步入职场，他们富有创造力，有个性，要想将他们潜在的巨大能量激发出来，就需要为他们创造他们所青睐的环境，这对于激发他们的内驱力与效率都具有重要意义。

因此，很多国外大型企业都在努力为员工创造马上办的环境，以无声的环境语言敦促员工尽快进入工作状态。但是，努力更多的是个人行为，一个人不能总靠外界监督而被动努力，必须自己主动接受，才能真正做到马上办。生涯规划是针对个人的，在企业有人监督你，离开企业谁来监督你呢？独立创业又由谁来监督你呢？所以，我们要设定自我监督模式，让自己处于良性工作状态中。

1. 什么时候开始

"我要努力""我要为了理想奋斗""下个月开始，每周写两篇公众号""新的一年快到了，我要重塑自己"……

上述这些誓言相信很多人都听过，也都亲口说过。但是，能这样立志的人，通常都难以实现其誓言。这样的誓言就像同生活打擦边球，主人公一方面不满足现在的生活，另一方面想改变却又不想真实付出，于是立下一些没效果的空头誓言，糊弄自己，也糊弄别人。

这些誓言没效果的根本原因就在于没有一个明确开始的时间。

"我要努力""我要为了理想奋斗"，从什么时间开始努力奋斗？今天？明天？下个月？明年？还是下辈子？！

"下个月开始，每周写两篇公众号""新的一年快到了，我要重塑自己"，为什么一定要过段时间再开始，难道从今天开始写公众号，从今天开始重塑自己不行吗？过些天后，这份激情早已退却，誓言也被抛诸脑后了。

真正的开始，往往从当下这一刻开始，或者设定一个具体的时间，精确到小时、分、秒。要让自己明白，开始行动不是作秀，而是切切实实地为之努力。

2. 从哪里开始

行动不仅要有精确的时间，还要有明确的地点，在哪里开始很重要。这个地点可以是更换居住地点——换一座城市，也可以是更换工作地点——换一家企业或创办一家企业，还可以是变换努力的载体——从现实移动到网上。另有一种意向性的更换，将自己工作的桌子换掉，在全新的办公桌上重新开始。

3. 你有什么唤醒机制

不能保证所有人在行动过程中永远保持激情昂扬和奋斗不懈，总会有人中途溜号，甚至想半途而废。如果你很不幸是其中一员或者曾经有过类似的经历，在你下定决心想要重新开始之前，不妨设定一个唤醒机制，当自己又要当逃兵时，及时将自己唤醒，重新投入。

唤醒机制的内容设定因人而异，但核心只有一个，即什么能刺激你奋斗的神经就用什么，哪怕深深刺痛自己。

笔者两年前认识一名学员，她承认自己不是那么有毅力的人，但她希望自己的人生不要荒废，她还想要努力。那时候她已经40岁，作为中年女性，仍想奋斗，精神是可贵的，但现实是残酷的，她必须要付出极大的努力才可能有所收获，这必将考验她不够强大的意志力。我让她给自己设定唤醒机制，用最能刺激自己的事情阻止自己放弃。她告诉我，最让她感到难过的事情是，三十几岁时做一个小手术，连两万块钱都拿不出，还要去借钱。每次想到这件事她就感到焦虑和难堪，喘气压抑，她总是回避这件事，但现在她要将这件事作为唤醒内容。如今两年过去了，过程中企业一直和她保持联系，她告诉我，曾多次想到放弃，但唤醒机制阻止了，她不想再成为别人眼中的可怜人，不想再活成一无是处的人，于是咬牙坚持下来。她现在的发展超过了当初的预期，人生终于见到了光亮。

4. 面临挫败时如何借助外部力量支撑下去

环境能给我们的不仅是行动中的加持，还有行动挫败后的助力。

现代社会，整个社会的知识体系已经非常庞大，专业知识形成细致的分支，一个人可以掌握一部分常识，可以支撑日常生活，但肯定有其适用范围。

当挫败来临时，自我解救是根本，但不是任何事情都可以自我解救，例如一个人不能为自己解决心理疾病。所以找到可以给自己提供帮助的人，寻求到适合的外部力量就非常重要。

每个人都有自己的小环境，我们可以通过这些与自己相关的人、事、物借助资源。在需要的时候，调动这些资源助自己一臂之力，渡过难关。

最后，大家要懂得，环境对人的影响总是潜移默化的，一些习惯久了就成了自然，出于自然，我们便很难发现自己的一些不好的习惯。所以，建立一个合适的环境还是非常有必要的。

第十二章　行动掌控的四个阶段

行动能够提升能力，但从行动开始之前的唤醒行动意识，到行动已经形成程式化，需要四个阶段的历练——无意识无能力阶段→有意识无能力阶段→有意识有能力阶段→无意识有能力阶段。

行动的四个阶段是以能力和意识为分割形成的。无意识也无能力时，是无知者无畏的愚蠢，需要及时唤醒；有意识却无能力时，是感受到压力的挫败，需要加强学习；有意识也有能力时，是如履薄冰般的紧迫，需要不断练习；无意识却有能力时，是信手拈来的自信，获得应有的成功。

无意识无能力的行动——积极唤醒

"初生牛犊不怕虎"这句话大家都听说过，也都明白。因为出生不久，什么都不懂，弱小者对强大者也没有畏惧心理，也可以解释为无知者无畏。小孩就是如此，眼睛里没有危险，需要家长一刻不松懈地看护。但小牛犊和小孩的无知不会被诟病，这是生命之初的共性，也是无意识无能力的阶段。

但如果这种无知无畏的状态放在一个成年人身上，那就是"过度自信"了，主要体现在高估自身能力、低估他人水平上。

举一个简单的例子。

相信很多人在看到别人有所成就的时候，心里会暗暗不屑，认为"换作是我，也能达到同等甚至更高的成就"。但实际上等自己真正去尝试了，才发觉自己忽略了他人的专业水平，忽略了他人依靠专业水平一步一步踩出的深度岂是我等普通人能够达到的？

这种"高估自己""过度自信"在心理学上被称作"达克效应"。达克效应是一种认知偏差，指人们认为自己比实际情况更聪明、更有能力。这种效应与人们普遍没能意识到自己能力不足有关。当我们学到新知识时，通常会极其自信，因为我们最初一无所知，一旦知道点皮毛就觉得自己无所不知，那些自此而停止学习的人会保持一种无所不知的错觉。

那么，到底是什么让我们变得如此"愚昧"了呢？

不知道能力有哪些要素。以练习乐器为例，初学者往往认为能奏响、演奏出基本的旋律就是掌握了，根本不知道高级的技法是什么，不知道这些技法如何让演奏出的曲子更动听。因此，他们缺乏判断自己能力强弱的依据。

很少接收到消极反馈。我们在社交中总是习惯于给别人留面子，即使别人表现得很差，我们也常常不会指出，最多只委婉地提一句。而人们又习惯于和能力与自己匹配的人一起活动，例如，如果我打球打得不好，我的球友通常水平也会和我差不多。因此，能力不足者不仅缺乏自己做判断的依据，也缺少他人公正客观的评判。

对于明显的失败的认知偏差。对于能力不足的事情，我们一般不会经常做，至少不会经常在他人面前做。而即使我们做了并遭遇了明显的失败，我们的认知中也会有一种"基本归因偏差"，把自己的失败归因为外部因素，比如环境、运气等。

综上所述，就是这些原因综合起来，共同把我们陷入愚昧的旋涡。除此之外，还有人过于留恋目前安逸的生活环境，他们认为自己的生活过得还不错，没必要跳出舒适区去追求更高品质的生活，甚至只要还能吃得上饭，只要当下还过得去，就不会去想着改变。

改变意味着什么？意味着痛苦，意味着焦虑，意味着压力，意味着危机，意味着各种不确定的困难。不改变则意味着，暂时没有痛苦，暂时没有焦虑，暂时没有压力，暂时没有危机，暂时没有困难。

宁愿过着宁苦不变的生活的人，究竟是怎么想的呢？在《思考，快与慢》一书里，作者丹尼尔·卡尼曼给出了答案——前景理论。该理论提到，人们对于获得和损失的感受程度是不一样的。

某天，你走到一个岔路口，右边路口的牌子上写着：走这条路你会得到800元，左边路口的牌子上写着：走这条路你有80%的机会得到1000元钱。你会走哪条路呢？

从数学概率上看，你在两条路上的收获同样多（1000元×80%=800元），但是大多数人会选择走右边。因为走右边肯定会得到800元，走左边虽然有五分之四的概率得到1000元，但还有五分之一的概率一分也得不到。规避风险的想法会让人偏向保守，保守心理是人们宁愿留在痛苦的舒适区也不愿主动挑战的原因。

当然，所有痛并坚持着的人不是不想改变，而是没有意识到必须要改变，还是那句话，当下的生活还过得下去啊！为什么一定要改变呢？改变后如果不如现在不是更糟糕吗?

改变之后确实存在各种不确定性,但不只有糟糕的,还有阳光的、灿烂的。而死守当下的结果却只能越来越糟,虽然生活可能一直过得下去,但心态呢?谁来拯救你的心态?没有好的心态,生活又有什么意义?因此,你需要对死守之后的人生损失有清醒的认知,不装傻,不逃避,认真想想那些损失你是否甘心承受。

某天,你又走到这个路口,发现右边路口的牌子上写着:走这条路你会损失800元,左边路口的牌子上写着:走这条路你有80%的可能损失1000元。你会走哪条路?

从数学概率上看,你在两条路上的损失一样多(1000元×80%=800元),但是大多数人会选择走左边。因为走左边会有五分之一的概率一分钱也不损失,虽然有五分之四的概率会损失1000元。但争取减少损失的心理会让人选择冒险,冒险精神是唤醒人们努力争取消除损失的强心剂。

对于同样程度的"得到"和"损失","损失"比"得到"给人的感受更强烈,人们更在乎损失。获得900元的高兴劲比不上损失900元的心理创伤。

改变需要来自外界的刺激,那么就让"人生的损失"和"当下的损失"PK一下,让"想要成为的自己"刺激"当下痛并辛苦的自己",让那些"想要得到的东西"狠狠折磨你。

想要达到真正的认知高度,就需要你经过绝望之谷这一阶段,主动踏入自我的认知盲区,这里也许是刀山火海,荆棘丛生或者波涛汹涌,这是一个非常痛苦的过程。但通过这阶段的不断学习和实践中积累知识和经验,最终你才能实现"凤凰涅槃"。当你再次向上攀登到另一个更高的山峰，你看问题的角度才会更全面，你做出的决策也才会更理智可行。

你能承受住吗？若不能，就必须做出改变，为自己的人生拼一次。

有意识无能力的行动——主动学习

在知乎上看到一个人对于自己工作现状的无奈吐槽：

"入编辑行至今四年有余，本着喜欢阅读，想要安静平稳生活状态的想法，满心欢喜地进入，甚至认为自己的将来都可以寄于文字间。因为对文学的敏感度和文字功底，很快便由新手进阶为成手，又进阶为高手。那段时期的工作状态很惬意，每天完成常规工作量后，学学英语、看看书。

工作一年半后，平时比较随性的我突然想要查阅存款。原本是想给自己一个惊喜，没想到却只是惊吓，竟然未到五位数。再看看支出，除了日常开销，偶尔朋友小聚、添置些小饰物、买点普通品牌的服饰，对比年轻人的消费水平属于偏低，没有旅行，没有大额消费，没有生病，没有向外出借。我的钱呢？一天码字六千，忙碌了十八个月，就这一点点回报？在那一刻，我所有的良好感觉都没有了。

此后，攒钱成了我唯一的目标，当时能想到的方法就是拿出属于自己的时间多码字。又过了两年多，我终于有了一笔看起来还不算太可怜的积蓄。但获得这笔小钱的代价是，我没时间学英语，没时间看书，没时间和朋友聚会，没时间郊游散心，彻底没有了节假日。就像陀螺一样，每天给自己规定的工作量是常规的一倍，睁开眼睛就想着写稿，一直到上床休息，做梦都在写稿。

预见：成就更好的自己

在自己艰辛的努力下，我终于拿到了其他行业成手的薪资。一位做产品推广的大学同学，只有半年经验，入职新企业的薪水只比我现在少一千。但我是在大量消耗自己的情况下获得的，她只是正常早九晚五，偶尔加班便获得了。

因为聚会总也约不到我，一位朋友有些不放心特意前来看望，见面后她的第一句话是：'你怎么这么憔悴，是不是病了？'不幸被她一语成谶，过于疲累伤害了我的身体，我真的病了。现在在医院里准备做手术，看着自己用透支生命拼来的积蓄即将大量支出，苦涩、失望、遗憾……让我无力悲怆。不是我不够努力，是编辑职位的整体薪资低，导致我想要获得正常的生活水平需要加倍付出。

到了必须改变的时候了，只有脱离当下所谓的舒适区，走入暂时的不舒适区，未来才可能会舒适一些！"

规避风险的心理让人们总是想要维持现状，不愿意去做改变。这位吐槽者的选择也是如此，宁可透支体力拼命工作，也没有想过要离开所在行业。但是，一场突如其来的疾病唤醒了她的意识，让她明白了当下的状态不是自己想要的，也是不可能长久维持的。巨大的工作压力和经济压力汇聚成心理压力，一起消耗着她的生命。再也不能继续下去了，必须要做出改变。

此时要给一句鸡汤点评："不要勉强，做自己擅长的事就好。"正是因为我们都喜欢做擅长的事，所以就陷入了一个怪圈——你的能力或专长正在成为你进步的阻碍。

《能力陷阱》的作者埃米尼亚·伊贝拉揭示了职场的隐性陷阱，颠覆性地提出：能力是优势，也是陷阱。

第四篇　看清行动：用行动把道理变成自己的答案

你与成功者的差别，不是是否勤奋、努力，而是先思考还是先行动。"成年人学习方式"的研究发现，一般情况下的学习顺序是"先思考，后行动"，但思考后人们往往原地踏步，因为过多地思考了当下的得失，而非未来的可能。

成功者们的学习顺序则是"先行动，后思考"，但绝非盲目采取行动，而是在结合现实情况的基础上，通过思考探寻更适合自己的方法，然后在某一点上发起突破，最终确定突破的途径。

引用中国台湾"诚品书店"创始人吴清友的一段话："生命当中没有那种理所当然的回报。你要做什么，你自己可以决定；你要得到什么，对不起，上天做主。"

我们都会带有目的地去做某件事，只不过我们很难控制结果一定会完美或者一定能收获什么，因此有时候过分地思考与权衡利弊，只会错失行动的机会。虽然结果不可控，但行动是可控的，通过制订适合自身的行动计划，就可以立刻开始执行，计划不可能是完美的，那就需要大家在不断执行的过程中"边错边改"。

每个人都有自己的试错成本范围，哪怕是作为家庭支柱的中年人，也存在自身的试错范围，只是大与小的问题罢了。与身边的人进行一次探讨，争取得到他们的支持与理解；与自身来一次心灵对话，清楚自身最大限度的抗风险能力有多大。有了这样的准备，你行动起来的后顾之忧就少得多。

随自己的喜好去寻找，不断尝试新的东西和探索新的世界，这个过程中我们会体验到不同的情绪，感知到自己某种能力的阈值，进而发现一个新的自己。等你在某个新领域里发现，自己可以用低于平均水平的努力取得高于平均水平的成绩时，再深入这个领域精研，这样既轻松又不痛苦。

可见，在经历了"无知无畏"的阶段后，人就会开始觉醒，察觉到自身的不足，这时候就会步入"力不从心"的阶段，知不足而无力改，这时候就需要充分调动我们想要改变的决心。尝试走出舒适区，在不同的新环境、新工作、新关系中主动学习。

有意识有能力的行动——刻意练习

发现了新世界，不代表就能占领这个世界。发现只是万里长征的第一步，还需要抢滩登陆，建立基地，进一步向内陆深处探索，与抵抗力量搏杀，接连取胜后，才能站稳脚跟，谋求发展。

有意识无能力阶段就是刚找到适合自己的新世界，现在要向有意识有能力的阶段发起冲击。这就需要走很长的路，要掌握必备知识和方法（抢滩登陆），学会融会贯通（建立基地），形成有"独家版权"的能力体系（向内陆探索），从愿景和价值那里获取意志力来对抗实际的巨大压力，如履薄冰般战胜每一个困难，最终在新领域收获期望的生活。

这个过程非常艰难，每向前一步都要付出极大的努力，如果你产生了逃避的想法，并非不可理解，但笔者还是劝你要继续坚持。从浑浑噩噩的混沌到战战兢兢的清醒，已经跨越了最大的障碍。你从一个没想过或者不敢去改变自己的人，成为一个正在改变自己的人，已经开发出最大的可能。

既然找到了新方向，进入了新的领域，我们具体应该怎么做？答案就是——刻意练习。

刻意练习有哪些显著特点呢？

1. 明确的目标

确定一个具体的目标。例如想成为一位作家，那么要把目标分解，并制订一个计划：为了成为一个作家，你要做些什么？①多读名家名作。②多写多练等。

2. 聚焦的注意力

做某件事时，所有精力必须集中在你需要完成的任务上，做到真正的心无旁骛，这样才能有所进步。

3. 及时的反馈

无论练习何种技能或提高何种能力，大部分人很容易陷入自我而不察觉。换言之，就是不知道自己的练习是否完全符合正确的刻意练习。刻意练习是让技能长在我们的脑子里，如果是错误的练习，其危害性将大到难以承受。

因此，如果一个人永远按部就班不做出任何改变，便永远无法进步。人生必须不断地给自己设定新的挑战高度并进步。天才不是天生的，经过刻意练习，特别是在技术技能方面，通过刻意练习可以达到一定的高度。通往天才的路上，每个人都能拥有入场券。

那么，我们又该如何科学地开始刻意练习呢？

刻意练习的第一步是掌握一些知识和方法。进入一个非舒适区就是进入一个新领域，近似于从零开始，必须掌握能够让自己可以立足的知识和方法，做中学，学中做。

知识的摄入要全面，方法的掌握要精深。在知识面上广度摄入，了解得多了会对新领域形成更客观的认知。方法上进行深度挖掘，打造自己的招牌技能，争取抓住机会，一鸣惊人。

刻意练习的第二步是学会融会贯通。将学到的各方面的知识和掌握的各种方法融合贯通起来，从而得到系统透彻的理解。很多人做到了第一步后就不做第二步了，将知识和方法停留在"学会了"和"做好了"阶段。这是大量可替代者产生的因素，大家在职场拼的不是谁"学会了"和"做好了"，而是"学得精"和"做得妙"。

刻意练习的第三步是形成自己独有的能力体系。这是非常重要的一步，也是极容易被忽视的一步。努力学练的目的不只是输出，还要逐步内化，进行精简提炼，然后添加融汇后的精华，形成主次分明、结构清晰的能力体系。

刻意练习的第四步是在实践中战胜困难。如果上述三步都做到了，唯独缺少运用在实践中这一步，岂不是白学白练了，而且因为缺少实践检验，所学到知识的有效性、所掌握方法的可靠性、所形成的能力体系的正确性，都将是没有依据的。

有人会质疑，不是已经在"做中学，学中做"了吗？怎么还会缺少实践呢？实践分等级，常规工作中的实践只是小等级，要主动找机会投入大事件和大型工作项目中锻炼自己，发现自己的不足，才能更进一步获得提升的机会。

曾子曰："吾日三省吾身"。孔子曰："学而不思则罔，思而不学则殆。"光练习不思考，光学不自省，也是不行的。职业技能需要刻意练习，一个人的成长同样需要有意识有能力地去刻意练习。

第四篇 看清行动：用行动把道理变成自己的答案

无意识有能力的行动——精进使用

舒适区之所以具有强力的圈人能量，是因为达到了足够的熟练度，工作已经进入了自动化输出的状态。这种状态让人有安全感，所以人们不愿意离开舒适区。

但现在的情况是，已经离开了原本的舒适区，进入了陌生的领域，在自己的顽强拼搏下来到了可以练习的阶段，并且仍在坚持努力着。接下来将会发生什么呢？你会发现，你正在为自己创造下一个舒适区，而且迫切希望尽快进入其中。毕竟在外面漂泊了那么久，找一个暂时可以停靠的港湾让自己休息一会儿是有必要的。但要记住，这只是暂时的。

在一个领域摸爬滚打久了，熟练程度必然会提升，再加上知识结构不断完善、习得的方法持续精进、能力体系不断升级，思维方式和工作能力开始内化，进入了一种不用启动意识也一样能发挥能力的阶段，你将再次感受到自动化输出的状态，这种无意识有能力的"自动化输出"，其实就是建立了有效的心理表征的体现，同样也是我们刻意练习的目的。

所谓的"心理表征"，直白来说就是"套路"和"系统"。面对简单问题，你能下意识地在系统中选择合适的方式去执行；面对复杂问题，你能在众多了然于胸的套路中选择合适的去拆解。

例如，同样是写一篇文章，面对同样的主题和素材，高手会有很多种写法，而非高手只有一两种。同样是看一篇文章，高手能看到文章会火或

预见：成就更好的自己

不会火的背后原因，能预估这篇文章的阅读量；而非高手只是像读者一样看内容，或是简单分析文章的结构。

正所谓：书读百遍，其义自见。写作者刻意练习的目的应该是不断总结别人的文章套路，模仿、内化，形成自己的写作套路，并不断增加套路的数量，以应对不同类型文章的需求。

不同行业领域内的高手和非高手的区别在于"心理表征的数量和质量"。那么或许有人会问：因为达到了自动化输出状态，就能对工作具有掌控感，进而产生成就感，那么，在之前职位的舒适区也是自动化输出状态，也对工作形成了掌控感，为什么没有成就感，反而是深深的焦虑感和压力？

回答这个问题之前，需要回想刚才让大家记住的"是暂时的"这句话。也就是进入当下领域的舒适区后，维持这种舒适状态必须是暂时的。想一想，我们以极大的勇气告别了曾经的舒适区，历尽千辛万苦终于抵达了新的舒适区，难道只是为了重新陷入舒适状态不能自拔，若干年后再次面对新的焦虑不安吗？尽管没人希望这样，但是人们的大脑特性却偏偏是这样。

其实，大脑的适应能力可塑性极强。大脑与身体肌肉相同，训练哪里，哪里就会发生变化并增强。不停地训练，不同地挑战，大脑会因不同强度的刺激而发生变化，逐步适应你对大脑的要求。

大脑会无限适应挑战与刻意训练，并形成长时记忆，日久天长，便不再感到困难痛苦。大脑会因你对它的运用而发生变化，被迫训练，强行重塑，越训练，适应力越强，当克服困难，重塑成功后，重新回归身体平衡，又进入舒适区。

所以，保持进取心，不断继续踏上征途，追逐更深更广的知识。这样的不断进取精神才是应对不断变换的舒适区的最好方法。

此外，心理表征是具有领域性的。就像牛顿建立起来的心理表征无法运用到李时珍的领域，烹饪领域的心理表征也无法运用到舞蹈领域。在任何一个行业或领域中，技能与心理表征之间的关系是一种良性循环：你的技能越娴熟，创建的心理表征就越好；而心理表征越好，就越能有效地提升技能。

在领域中，建立了有效的心理表征仅仅是开始，后续仍然需要继续精进，将无意识有能力持续提升。当任何困难不仅不会成为自己前进的障碍，反而成了自己的推力时，你将成为所在领域的高端人才。

假如过去的舒适区所在领域不是我们喜欢，只是为了生存被动进入的，那如今有机会进入我们喜爱的舒适区领域，就应该为之奋力拼搏，付出再多也毫无怨言。当我们近距离审视自己取得的成绩，看着自己在喜欢的领域取得了期望的成果，成就感将油然而生。这种发自内心的感觉是曾经的舒适区不能给予我们的。

第十三章　复盘修正你的行动

复盘是棋类术语，即在下完棋局后复演该局棋的对弈情况，以检查每一步棋的优劣得失，思考为什么对方当时要这么落子，如果自己换一种思维应对，会出现什么情况。

复盘被认为是围棋选手进步最迅速、最重要的学习方式，通过不断地复盘，既能快速发现自己的弱点，寻找补强招数，又能了解对手的布局思路，找出破解之法。

其实，不仅棋局可以复盘，很多事情都可以复盘。例如，活动复盘、流程复盘、事件复盘、学习复盘、人生复盘等。通过不断地复盘，了解更多信息，便于之后有更好的表现。

联想控股董事长柳传志曾说："在这些年的管理工作和自我成长中，复盘是最令我受益的方法之一。"

生涯复盘与人生复盘

笔者有过很多次这样的经历：一件事情做完了，回味之余会发现其实换种方式做反而会更好，我以为自己记住了教训，但是到了下一次还是会犯同样的错误。

这个问题我意识到了很久，但是一直没有改正过来。一直到懂得了复盘，才发现问题的症结。无疑，每天反思的确有助于发现自己的固有模式，但只有反思是不够的，还要分析总结出固有模式中存在的错误，并且制定一个行之有效的改正方法。

说到定期复盘，很多人都是抗拒的，因为每到总结的时候，不是大脑一片空白，就是每天都是重复一些无意义的事，怎么能总结出来呢？其实一开始笔者也有这样的疑惑，我也会拖延，我也会懒惰，我也会不知所措。

不过复盘这件事你坚持做了就会发现，它的威力太大了。因为复盘不仅仅是还原当时的情景，更是对自我的一次审视，拷问自己为什么这么做，更能站在一个不同的角度来看待自己。

笔者现在的习惯是：在每天的反思中发现自己重复出现的问题，将它们列入需要提高的关键点中，然后每天都会浏览几遍，加深印象，形成脑回路。这就是笔者对自己的复盘，既包括一路走过来的职业生涯，也包括每天成长的人生。

下面我们来关注一下复盘的好处，这是笔者经过多年不断复盘总结出来的。

1. 复盘是最高效的自我学习方式

安德斯·埃里克森在其所著的《刻意练习》一书中指出：想要快速进步，人需要在教练的帮助下找到不断前进的最优路径，然后配合反复练习，最终达到质的突破。

可见，快速提升的前提不仅要"反复练习"，还要找到"最优路径"，两者缺一不可。复盘能够充当教练的角色，一边帮助我们找到最优路径，一边督促我们不断练习。

也就是说，我们想要快速得到提升，需要不断地优化加反复练习。

2. 复盘可以有效节省时间

"34枚金币时间管理法"创始人艾力说："如果时间没有记录，就好像生活不曾发生过一样。"

很多人每天"忙—茫—盲"，就是因为问题好多，时间仿佛不由自己做主，忙来忙去问题还在，时间却没了。经常复盘则完全不会成为"忙人"，也不会被问题拖入"死胡同"，可以更容易发现问题，以更高的角度审视问题，避免陷入无意义的忙碌中。

3. 复盘让工作更加高效

职场中有这样一些人，他们每天埋头工作，辛苦程度不说感天动地，最起码能感动自己，但工作效率却一点也不能打动人。与之形成对比的是另一些人，他们看起来工作用时并不长，还表现出很轻松的样子，但却总能保质保量完成工作。

一天的对比只有累与不累，但一年、三年、五年、十年之后的对比却是成功与失败。是因为后面这些人更聪明，天赋更高吗？答案当然是否定的。成功是因为他们通过复盘找到了更高效工作的秘密。这个秘密就是对执行过程的经验进行归纳总结，把工作套路化、流程化、简单化，每次直接套用对应框架即可。

复盘有如此重要的好处，那么具体应该如何复盘呢？柳传志非常推崇

"GRAI复盘法"，在此笔者也向大家推荐此法，只需四步：Goal（回顾目标）、Result（评估结果）、Analysis（分析原因）、Insight（总结规律）。

（1）回顾目标：回想当初制订的目标是什么，或者期望是什么。

（2）评估结果：所获结果是达成预期、高于预期还是低于预期？

（3）分析原因：达成预期的原因是什么？未达成预期的原因是什么？

（4）总结规律：哪一个步骤需要改变？哪些步骤需要保留？

在综艺节目《我和我的经纪人》中，老板杨天真引导经纪人琪仔为白宇做过一次生日会筹划的复盘。

首先，杨天真让琪仔对自己当初制订的三个目标打分——回顾目标；其次，琪仔对打分结果和当初预期作对比，看是否完成了预期目标——评估结果；再次，杨天真让琪仔写出导致未能完成预期目标的原因——分析原因；最后，琪仔得出结论，直播和互动环节出现问题的原因是前期准备不够充分。

经过这样的复盘，目标、结果和原因都被串联起来思考，经验教训的得出也不再困难。对于下一次应该如何改正的方法也能更顺利地制定出来——必须做好准备工作。

在复盘过程中，有两个要注意的地方。

（1）拥有"不自欺"的心态。在复盘过程中，拥有"不自欺"的心态是很重要的。不管事情的结果如何，都要客观冷静地进行分析，找出原因。

在复盘过程中，有的人可能会因为不愿意面对失败的结果，开始"自我欺骗"，忽略主观原因，放大客观原因，这实在是很不可取的。

在复盘过程中，可以尝试着跳出参与者的身份，从第三方的视角看待事情、分析事情。

（2）对事不对人。在某些团队复盘中，有人会因为不想承担责任，故而将原因归咎于外部，对自己的责任避而不谈。这样就失去了客观公正，让复盘会成为批斗大会。

这时就需要领导以身作则，反省自己的不足，并再次强调复盘的目的是共同成长，而不是追究责任。复盘最主要的任务是找出问题的应对方法，以便在制定新战略的时候拿出措施，不再重蹈覆辙。

借助复盘思维，以有限的经验掌握无限世界的本质，是我们快速成长的最佳方法。善用复盘思维，可以减少犯错误的概率，避免不必要的失败，提高自己成功的概率和速度。每一位成长者都应该善用复盘思维，找到自己的人生之路！

绘制自己的生涯曲线图

网上有个段子。问：什么是成功人士？答案是：3岁，不尿裤子；5岁，能自己吃饭；18岁，能自己开车；20岁，有性生活；30岁，有钱；40岁，有钱；50岁，有钱；60岁，有性生活；70岁，能自己开车；80岁，能自己吃饭；90岁，不尿裤子。

从这个段子可以看出，人的一生是一个轮回，人的能力、知识、经验在不同的年龄阶段是不同的。能力发展大体经历三个阶段：第一阶段是从出生到成年的能力发展期，第二阶段是达到最高水平后保持高峰的能力高峰期，第三阶段是高峰之后随年龄增加逐渐衰退的能力衰退期。

而职业生涯则是人生中的一个阶段，从走出校园到彻底退出职业生涯，一般人会持续40年左右。这是人生最好的阶段，也是创造成绩的年龄段。无论职业生涯的进展顺利与否，取得的成就高低与否，都会产生相应的职业生涯曲线。当你退休后，你可以将其画出来，回忆下自己的整个工作经历，相信那些得失与悲欢都会涌上心头。当然，在那个时候的回忆真的就只是回忆。

我们要做的不是等到退休后再画出生涯曲线，而是在当下就着手画出。找出对你的职业生涯有关键影响的节点，标出来，然后将各个阶段用线连接起来。也可以以年龄为节点，在各节点中做起伏连线。

无论哪一种连接，得到的一定是"曲线"，因为每个人的职业生涯都不可能一帆风顺，高低起落才是常态。只是我们在曲折的生涯过程中仍然要不断努力，把曲线当作直线来做。

绘制自己生涯曲线图是为了什么呢？是为了复盘过往的职业生涯，看看哪个阶段发展得比较好，主要原因是什么，哪段时间发展得不太好，又是因为什么，生涯总时长与生涯总收益、总进展的关系比例是否满意；未来生涯旅程是否应设定里程碑，督促自己加快前进步伐。

一幅生涯曲线图可以直观地反映出很多东西，因此深受职场人士推崇，也是生涯成功者较为依赖的工具之一。绘制生涯曲线图可以分为四个步骤（见图13-1）：

（1）画一条水平线，最左边标示"出生"，最右边标示现在的年龄。

（2）左边画一条垂直线，上下各均分5个刻度。

（3）回顾生命的里程碑或特殊事件，用一个点表示，加上关键词。

（4）依照顺序将各点连线。

注：①生涯曲线图的横轴表明时间，纵轴表明深刻程度，正面经验在上，负面经验在下。②关键节点不一定和垂直线上的刻度持平，而是可高可低，以接近日常状况为宜。

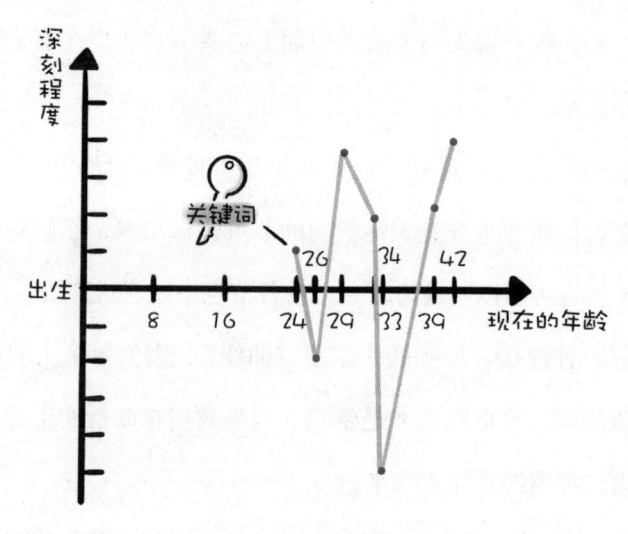

图13-1　生涯曲线图

如果上图是一个人的生涯曲线，虽然我们不知道他具体做过什么工作，但可以从曲线的形状知道其工作走势。我们不去具体分析他的工作经历，而是看到在经历两次大小低谷后，他都能迅速站起来，说明是一位非常善于总结经验教训的人，也很有魄力，能够及时纠正。如今他的工作是在跌入最低谷后重新出发的，现在显然已经彻底走出来了，并取得了职业生涯最高的成绩。

下面，我们给出一个人的工作经历，大家帮他画一幅生涯曲线图：

23岁大学毕业，进入上海一家培训教育机构，从复印小弟做起，到万体馆摆摊招聘。每天充满干劲，积极吸纳知识和技能，短期便具备了在几十人的培训现场发言和主持的能力。

25岁，父亲患病去世，为了陪伴妈妈，申请调入常州子企业。工作仍然全力以赴，提升业务协作和项目设计的能力，职场第一次晋升如期而至。

27岁，因为在小城市缺少发展前景，也缺乏工作动力，选择裸辞与同学去义务做布料批发生意，客户面向长三角地区。初期很不容易，而且自己也不擅长、不喜欢，感觉很辛苦。

28岁，虽然生意已有起色，但因为自己不适合，选择撤资，重新来到上海找工作，目标行业是汽车和医药。机缘巧合进入了一家医疗器械企业，重新开始培训工作。对工作人员进行培训是他擅长的模块，激情再次被点燃。

30岁，进入"瓶颈"期，每天都是大量的重复性工作，缺乏挑战和突破口，激情随之下降。

31岁，跳槽到现在的企业，在合适的时间合适的地点找到了合适的老板和工作，感恩这一切，享受这一切。

被称作是"黑天鹅"之父的约西姆·尼古拉斯·塔勒布曾经给成功下过一个定义："所谓成功，就是在中年的时候，成为年轻时想成为的那个人。除此之外，所有一切都是失控的结果。"如果按这个标准，大多数人都处在失控状态中，而且一辈子也无法获得成功。

提高自我效能感

想问一下大家，有什么一夜暴富的好办法？估计你们会说买彩票对吧？

其实大家都知道买彩票中大奖能一夜暴富，但为什么没人以买彩票为生，当职业买彩人？那是因为，我们愿意投入地去做一件事，需要两种期望的激发和驱动：一是对完成该事情后出现的结果场景有期望；二是对自己能够完成此事的行为能力有期望。

（1）结果期望。是指人对自己某种行为的结果的推测。如果人预测到某一特定行为将会导致特定的结果，那么这行为就可能被激活和被选择。

例如，人们感到买彩票可以中大奖，瞬间致富，一夜发家，少奋斗几十年，他就有可能去买彩票。

（2）效能期望。是指人对自己能否进行某种行为的实施能力的推测或判断，即人对自己行为能力的推测。它意味着人是否确信自己能够成功地进行带来某一结果的行为。

例如，人们不仅知道买彩票可以发家致富，还要感到自己有足够的分析预测能力买中彩票，才会全力投入买彩票，甚至以此为业。

这个效能期望就是自我效能感。当人们确信自己有能力进行某一活动，他就会产生高度的"自我效能感"，并会去进行那项活动。效能期望随时决定你对活动的选择及坚持。

1. 自我效能感是如何影响我们的

20 世纪 70 年代，美国当代著名心理学家斯坦福大学心理学系教授阿尔伯特·班杜拉提出"成功者不一定认为自己最棒，而是相信自己能做到"的理论，他认为成功人士的重要特质之一是"自我效能感"。

所谓的自我效能感，就是"效能期望"，指人们对自身能否利用所拥有的技能去完成某项工作行为的自信程度。

例如，当我们学习一项新技能的时候，有人总是担心自己学不会浪费时间而不愿意投入时间和精力去学习。而有人早已投入学习，而且一边学习一边学以致用，很快产生学习成效。这就是自我效能感高的表现。

那自我效能感到底从哪些方面影响我们呢？可以从以下四个方面看：

（1）影响认知过程。个体目标的设置受自我评估的能力所影响。自我效能感越高，我们设置的目标越高，完成目标的决心越坚定。同时，自我效能感影响我们对未来的预期。自我效能感高的个体，会预想到充满支持和帮助的积极场景。自我效能感低的个体会预想到充满挫败的未来，陷入自我怀疑的怪圈。当我们暴露在巨大的压力和别人的目光下时，保持坚定的信心也需要很强的自我效能感。

在办公室里，经常会遇到这样的同事：他们脑子不笨，工作细心又认真，领导交代下去的任务都能按时完成，但就是缺乏一点拼搏的劲儿。选择小组负责人时，他会说："就我这样的水平，不可能带领同事完成任务的。"大多时间他会自己消化负面情绪，很少和周围人沟通："最终还是要靠自己的啊，找别人聊也没什么大作用。"对能力较低的预期，不仅限制了自身的可能性，还会把未来看得很消极，没有勇气和别人接触，逐渐消磨掉从前意气风发的状态。

（2）影响动机过程。自我效能感在动机的自我调节过程中扮演着重要的角色。我们形成对自身能力的信念，预期努力会带来的结果，设置目标，完成计划，最终实现自己的理想。通过自我调节的机制，预期被转化为动机，指导努力的方向，激励我们不断前进。

小明是刚入职的实习生。作为非本专业入职的新人，虽然对销售行业是半路出家，但他对自身的能力非常自信，认为自己天生就是吃销售这碗饭的。他平时和同事、领导打交道的时候非常有亲和力，很懂得察言观色，有他在场的场合基本不会出现尴尬状况。做事情也足够耐心与负责，和他对接工作的同事感觉很省心。信心满满的小明每天都干劲十足，跟着师父不断学习各种销售技巧，扩大自身的社交圈子，深入了解企业的业务内容。

不到三个月，这个上进的小伙子就得到了大家的认可，提前转正并得到了比预期更高的薪酬。试想一下，如果小明非常内向，认为自己不适合销售的工作，或许他就过上了"做一天和尚敲一天钟"的日子，不会有钻研工作的动力。

（3）影响情绪过程。我们对自身能力的评估会影响自己在压力性情境中的情绪。应对压力的自我效能感在焦虑唤醒中发挥重要作用，当你相信自己能够应对风险，会减少消极情绪的干扰；但当你感觉自己无法控制风险，则容易被潜在的威胁击垮，被高强度的焦虑挟持。这样的消极思维会影响我们能力的发挥。

当接到一个需要短时间内完成的项目时，我们会有很多忧虑："时间那么紧，我到底能不能做好呢？""汇报进度的时候被领导狠狠批一顿怎么办？""如果我搞砸了，下属还会服我吗？队伍带不下去了怎么办？"实际上，那些应对压力的自我效能感比较高的人，能够全身心地投入工作中，很少受这种不良思维模式的困扰。如果对自己解决问题的能力信心不足，我们可能会把很多事情想得糟糕透顶，一边工作，一边与焦虑做斗争，十分消耗精力。

（4）影响选择过程。很大程度上，环境决定人的发展。通过影响对于环境的选择和决策，自我效能感深刻地影响一个人的发展。自我效能感与环境选择密切相关。自我效能感高的人，乐于挑战略高于自己能力的事情，在压力性情境中不断提升自己。自我效能感低的个体，固守在自己的"安全区"中，不敢去面对超过自己应对能力的情境。自我效能感越高，我们对职业的适应能力越强，能够胜任不同的岗位。反之，我们会打"安全牌"，较少尝试其他岗位。

对大学生来说，面临毕业都会陷入一个困境：考研还是工作？有些人能够保持开放的心态，平时在学术研究之余，也趁着暑假到企业实习，增加工作经历，尝试不同的岗位。之后即便考研失利，他们也能很快调整心态进入职场。自我效能感低的人，不相信自己同样能做好其他方面的工作，只将目标放在自己熟悉的学术领域，害怕离开象牙塔。如果没能成功考上研究生，他们在人才市场上也因为履历问题缺乏竞争力，只能一条路走到底，继续考试。自我效能感影响着我们的开放性和接受未知事物的态度。

当然，自我效能感并不是能力本身，只是我们的一种能力判断。保持较高的自我效能感，是人在职场最大的动力！

2. 五个法宝提高自我效能感

自我效能感与一般认为的自信心是有很大区别的。

自信心，就是一个大致上的"自我相信"，相信自己很美，相信自己很行，相信自己无论如何都比别人棒。而自我效能感是自信的程度。

提高自我效能感很有现实意义，可以让我们在职场充满信心和决心，战斗力更强，这样会在很多时候能较好地发挥潜能而获得成功。

所以下面这些法宝你可以尝试一下。

法宝一：不断积累成就经验

名不见经传的日本选手山田本一，他分别获得1984年的东京国际马拉松邀请赛和1986年的意大利国际马拉松邀请赛的世界冠军。

他在自传中分享经验说："每次比赛之前，我都要乘车把比赛的线路仔细看一遍，并把沿途比较醒目的标志画下来，例如第一个标志是银行，第二个标志是一棵大树，第三个标志是一座红房子，这样一直画到赛程的终点。

比赛开始后，我就以百米冲刺的速度奋力向第一个目标冲去，等到达第一个目标，我又以同样的速度向第二个目标冲去。四十几公里的赛程，就被我分解成这么几个小目标轻松地跑完了。"

自身行为的成败经验对自我效能感的影响最大，成功经验会提高效能期望，反复的失败会降低效能期望。

就像案例中的山田本一这样，在生活和工作中，我们也可以通过不断给自己设立比较容易完成的目标和任务，在不断的小成功中积累成就经验，从而提升自我效能感。

法宝二：寻找合适的替代经验

我的一个朋友，一直不敢去考驾照，因为他认为自己动手操作能力差，反应比较慢，而且没有方向感，担心自己考不过没面子，还费钱。

最近他突然告诉我，他决定要去报名考驾照。原来他妹妹最近通过学习考取了驾照，他认为自己妹妹作为女生，而且各方面并不比他好多少，都能考取驾照，自己也肯定能考过。

人的许多效能期望是源于观察他人的替代经验，心理逻辑就是"他能行，我也能行"，"他可以，我为什么不可以"。

这里的一个关键点，就是观察者与榜样的一致性，即榜样的情况要与观察者非常相似，才能激发自身的效能期望感。

法宝三：进行正确的归因分析

笔者刚学习生涯进圈的时候，一位生涯前辈对我说："你是我见过的学员中，最适宜干生涯行业的。"就是这句话激励了我毅然大胆地创办了美好生涯学院。

估计很多人都有如此的经历吧，家人、朋友、前辈等人的鼓励言语劝说，会提升我们的自我效能感。

言语劝说的价值取决于它是否切合实际，在直接经验或替代性经验基础上进行劝说的效果会更好。我们也可以自我言语劝说，那就是正确的归因分析。

对于归因分析，大多数人是成功归自己，失败归他人。

但正确的归因是无论成功失败，都先归内因，就是先分析自己成功或失败的原因，有则改之无则加勉。

同时可以从自己的榜样身上，例如从任正非、雷军、刘润、王志纲等人的成功路径上去分析他们成功的原因，从而激励自己，提升自我效能感。

法宝4：建立积极的情绪影响

吴王夫差，老爹阖闾死在越王勾践手上，为了报仇，他带着小弟砸了勾践的场子，然后他犯了一个主角标配的错误，就是手下留情，放虎归山。

勾践被放回国后，立志发奋图强，准备复仇。他怕自己贪图舒适的生活，消磨了报仇的志气，每天晚上就睡在稻草上，第二天早上起来再尝尝苦胆，最终勾践成功逆袭，这就是著名的"卧薪尝胆"。

灰色衬衣，胸口袋里插支笔，配上蓝色西裤，这套服装让我取得过一次演讲大赛的冠军。很长一段时间里，只要有公开演讲我都会穿上这套衣服。

球星看重某个球衣号码，于是把特定号码从一而终地穿到底。

这些都是通过与成功经验关联的事物唤醒相应的情绪，激发自己对于同样取得成就事件的预测和判断，提高自我效能感。

法宝5：创造熟悉的情境条件

考试大家会提前看考场，重大的活动会提前进行彩排，有人外出旅游会带上自己的枕头和被子。

这些都是在创造熟悉的情境，让考生对于考出好成绩更有把握，让互动人员更加熟悉环节，让自己更加容易入睡等。

不同的环境提供给人们的信息是大不一样的。

有些情境是安全的，有些情境是紧张的，每个人都会有特殊的难适应的情境，某些情境比其他情境更难以适应和控制。

当一个人进入陌生而又易引起焦虑的情境中时，其自我效能感水平与强度就会降低；反之，当一个人进入熟悉而安全的情境中时，自我效能感水平就会提升。

自我效能感的提出者班杜拉教授常常在他的电子邮件中附有这样的签名："愿效能的力量与你相随！"也把这句话送给你，愿效能的力量伴你勇闯职场！

生涯低估疗愈——汲取失败的经验教训，触底反弹

2020年圣诞节那天，笔者面试了一个有趣的求职者。从2018年大四实习开始，他已经换了四份工作，最短的一份工作只干了两个多月。我问他为什么如此频繁地换工作，他说："真不是我的问题！第一家企业压榨新人，第二家企业业务不合法，第三家企业倒闭了，第四家企业拖欠工资。"

他的眼神很明确，希望得到我的同情，这听起来真的是很惨的就业经历。但我并未如他所愿，如果只有一两次这样的经历必须要同情，谁还没有个倒霉的时候。但如果在同一个坑里栽倒超过三次，真的不怪他吗？

屡败屡战，看起来十分励志，只是差了些运气。还需继续努力，但努力的结果是什么呢——屡战屡败。这就糟糕了，努力之后没有进步，仍然陷在失败的泥潭中。原因是什么？

分析出错没关系，选择出错没关系，行动出错也没关系，关键要从错误中吸取教训，这才是屡败屡战的正确态度。

我们面对失败经验千万不能视若无睹，因为这些用时间与精力换回来的经验比正向的成功经验更加忠诚和历久弥新。失败经验这种负向知识看起来比成功经验这种正向知识更具坚韧性。

为什么这么说呢？因为成功存在一定随机性和运气指数，一个人成功有自己主观因素，还有天时地利人和的因素，或者说是一种幸存者偏差。

现在很多人都喜欢走捷径，于是"成功秘籍"这种东西就受到了大众的喜爱。毕竟成功人士的案例就摆在眼前，只要我把他们的经验据为己有，他们能成功我也行。殊不知，人们其实是通过负向知识来一点点获取成功的。

查理·芒格先生非常推崇逆向思维。他总是说，凡事要反过来想。比起如何获得成功，他更关注如何避免失败。查理·芒格先生认为，如果你想在某件事情上成功，那么先考虑哪些东西会让你所做的这件事情失败，然后想办法避免这些因素发生。

股神巴菲特有一个错误清单，他也喜欢用错误清单这样的方式，他把自己见到的错误先列出来，还为这些错误设置检查项目，有了错误清单以后，就可以避免许多错误。

罗马教皇问及米开朗基罗他成为天才的奥秘在哪里，尤其是他如何雕刻出了大卫这座杰出的雕像。米开朗基罗的回答是："这很简单。我只是剔除了所有不属于大卫的部分。"

鉴于只需要一个小小的例外便可以推翻一个论断，所以证实"某件事是错误的"要比证实"某件事是正确的"要容易找到例证，成本也会小很多。

我们今天所知的正向知识都有可能被证实是错误的，但是我们今天认识到是错误的知识则不可能变得正确，至少没那么容易。

因此，负向知识（什么是错的，什么不起作用）在错误面前比正向知识（什么是正确的，什么起作用）更强韧更难以击破，正确利用这些负向知识将使我们变得更加强大。

足坛双骄的 C 罗就非常善于总结犯过的错误。每次赛后他都第一时间拿到录像，回家一遍遍地回看分析，看自己的突破方式，看别人的传球脚法，看自己执行教练战术中的不足，看对手破解己方战术的突破点。总之，每个镜头都不会错过，每场比赛都能发现自己的各种不足，经过不断的总结，避免了自己在同一个地方连续跌倒。正是这样的复盘总结，让 C 罗的职业生涯始终处于上升期，即便已经 36 岁，仍然还在提高。

连 C 罗这样的世界名将都不忘对职业生涯时刻复盘总结，可见及时复盘的重要性。但很多人却没有这个意识，只知道盲目努力。如同本节提到的这位不屈不挠的面试者，从他的求职简历和往日工作案例可以看出，他是一个很认真的人，其中也体现出有一定的能力基础。但这份认真努力却没给他的职业生涯提供什么帮助，因为他一直在职业生涯的低谷里，没有吸取教训，也没有找到原因。

我问他想不想知道自己为什么屡次应聘受挫？他表示想知道，我让他回家认真总结四次求职经历。两天后他发给我一封邮件，上面写着自己四次入坑的原因，共三点：一是没有了解招聘企业信息，包括基本信息和业务构成；二是没有认真分析招聘信息，包括工作内容和薪资结构；三是没有结合自己的期望，包括行业期望和发展期望。他最后总结：几次找工作都是有企业用自己就行，其他的没有考虑。

我又让他对本次求职进行分析，自己是否愿意在本行业发展？是否适合本企业？是否还有更好的选择？

后来他发来邮件，告诉我他其实并不适合培训行业，当初投简历就是有病乱投医。他比较喜欢独立完成工作，例如设计类工作、编写类工作。他对我表示了感谢，让他在未来有机会找到一份喜欢且擅长的工作。

拉卡拉董事长孙陶然在《有效管理的5大兵法——用文化管企业》一书中指出："行军打仗，最怕方向和路线错误。方向错误，再努力也到达不了目的地；路线错误，就会徒增到达目的地过程中的困难和险阻，甚至困难会大到让我们到达不了目的地。而复盘，就如同行军过程中不断检查GPS，校正自己的轨迹是否在正确的航线上。"

总结经验教训就是复盘，争取花最少的时间获得最快的进步。因此，当一步步向上攀登时，通过复盘发现自己成功的真正原因，便于让成功持续下去；当生涯处于低谷时，更要通过复盘总结经验、教训，以求让自己在极短的时间内获得最快速的成长，以惊人的速度实现逆风翻盘。

后记

有人说，写书是一件很难熬的事情，我算是真真切切体验到了。这本书从最开始的发心起意，充满希望和兴奋，很快就把主题和框架拉出来了；到后来正式写书，一个字一个字书写，犹如春蚕吐丝，那种憋劲和随时可能丝尽人亡的感受，时刻伴随。再到后来的修改，那种纠结和取舍，很是让人抓狂，字数和篇幅也是增增减减，直到连看几遍，字数几乎不再变动的情况下，才停了手，决心交稿。

历时一年多，夹着疫情的影响和公司运营的压力，踉踉跄跄，停停走走，这本书终于要和大家见面啦。既有扑面而来的反馈期待，也有接受读者审视的忐忑。希望生涯界前辈给与批评指正，希望每个读者给与实践应用的最真实反馈，以便下一本书能够更好。虽然写书很难熬，但下一本书的雏形已在心中。

这本书的面世，离不开贾杰和邬荣霖两位生涯导师的指点和鼓励；离不开喻晓坤、廖冰、易浩颖、宾水林、陈小勇等挚友的勉励和督导；离不开江承伟、高松亭、张汉羽、陈伟樵等老师的帮助和支持；更加离不开家人对我只身创业及投身生涯事业的承担和陪伴，感谢所有关注和付出过的人！

用预见的力量，遇见更好的自己！祝福每一位和本书结缘的人前程似锦、生涯美好！

周小健

2021 年 12 月